U0289712

挣钱不易,管好你的钱

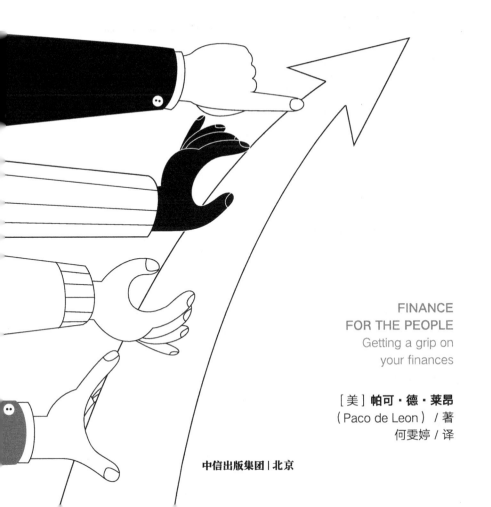

FINANCE
FOR THE PEOPLE
Getting a grip on
your finances

［美］**帕可·德·莱昂**
（Paco de Leon）/ 著
何雯婷 / 译

中信出版集团｜北京

图书在版编目（CIP）数据

挣钱不易，管好你的钱 /（美）帕可·德·莱昂著；
何雯婷译 . -- 北京：中信出版社，2023.5（2024.11 重印）
书名原文：Finance for the People： Getting a
Grip on Your Finances
ISBN 978-7-5217-5482-7

I. ①挣⋯ II. ①帕⋯ ②何⋯ III. ①财务管理 – 普
及读物 IV. ① TS976.15-49

中国国家版本馆 CIP 数据核字（2023）第 058640 号

挣钱不易，管好你的钱

著者： ［美］帕可·德·莱昂
译者： 何雯婷
出版发行： 中信出版集团股份有限公司
（北京市朝阳区东三环北路 27 号嘉铭中心 邮编 100020）
承印者： 北京盛通印刷股份有限公司

开本：880mm×1230mm 1/32 印张：11 字数：246 千字
版次：2023 年 5 月第 1 版 印次：2024 年 11 月第 2 次印刷
京权图字：01-2023-0104 书号：ISBN 978-7-5217-5482-7
定价：69.00 元

版权所有·侵权必究
如有印刷、装订问题，本公司负责调换。
服务热线：400-600-8099
投稿邮箱：author@citicpub.com

感谢我温柔的爱人珍，

感谢你始终选择相信我，

感谢曾经15岁的自己，

同时感谢翻开此书的你，

请相信自己创造和改变事物的潜力是无限的。

目　录

引　言

　　金钱是实施权力的手段，而就像如今大多数人一样，我也认为拥有金钱就拥有权力。我们之所以会这么想，是因为很明显地看到坐拥巨额财富的人往往也大权在握，反之亦然。我想这也就是为什么金钱能够如此牵动大家的情绪。一位心理治疗师告诉我，我最害怕的是感到无能为力。当认识到这一点后，我就能用全新的方式来解读自己的诸多行为，我的理财生涯也就变得有意义。为金钱苦苦挣扎，觉得自己没有足够的钱，也无法掌控自己的财务状况，这其实就是一种对无力感的恐惧，对我、对你、对所有人都是如此。

　　人们总是把权力说得很不堪。有些人追逐权力是为了能支使别人。我也想拥有权力，因为我不想被他人支使。在这个百般阻挠我获得权力的社会里，我依旧想努力获得权力（其实是获得财富），而写本书也是出于这个目的。

　　我写本书并不是因为我热衷于个人理财，事实上，我对此并没有多大的兴趣。我只是想要帮助人们发掘自身潜力。你一旦发掘出自身潜力，就会势不可当。你从此会更加清晰地看待事物，你的生活也会潜移默化地发生永久性的改变。你会明白，你永远都有权做出选择，但前提是你必须学会如何看待形形色色的选项。

　　本书的内容很实用，能够让你跟着一个懂门道的内行人学会如何理财，这是很有价值的。本书更实用的一点是，能够提供系统性的操作步骤，帮助你达成一个又一个理财目标。我做过理财规划师、簿记员、小型企业顾问、托收代理人、失败的销售员，也创立过一家小型企业，在与客户打交道的过程中，我积累了许多经验，而我在本书中分享的许多实用知识就源于此。本书和其他个人理财书籍的不同之处在于，它不仅内容实用，还将帮助你从不同的角度看待金钱。我已经学会了从新的角度来看待权力，所以我也想为你提供一个新的角度来看待金钱。

但我要声明一点，我不是以金融行业受益者的身份来分享经验的，我也无意维持金融行业的现状。现状其实挺糟糕的！本书的目的在于开放信息、共享知识。

从盲目遵循传统理财思维到下定决心系统学习金融知识和经济学，我的心路历程和大多数人没什么不同——我只想更加理性务实地进行财务管理，避免搞砸自己的生活。

我在大四下学期开始之前，就在研究金融专业毕业生能找什么样的工作。最终，我决定要么成为一名理财规划师，要么成为一名商业顾问。按我的理解，理财规划师帮助个人理财，而商业顾问则帮助企业理财。我想他们的工作性质相同，只是服务的客户类型不同。

毕业几个月后，我很幸运地在洛杉矶一家小型商业咨询公司找到了一份薪水不错的工作。而巧合的是，这家公司租赁了另一家理财规划公司的一间办公室和几个小隔间。就这样，我可以同时接触到两种我向往的工作。

2008年8月，我开始在这家商业咨询公司上班，当时次贷危机刚刚开始升温。与我们共用办公空间的那家理财规划公司就在隔壁的会议室开员工会议。我听到他们说住房市场已经出现了崩溃的苗头，客户都很恐慌，他们在制订应对计划，希望让客户冷静下来。

从那时起我就明白，我渴望走进那间会议室，坐在那张桌子旁，仔细倾听那些对话。而这种渴望背后的原因，我也心知肚明。

当时金融界正在发生惊天巨变，这种一辈子才能碰上一次的事件让我兴奋不已。在金融界风雨飘摇之际，我只想身处第一线。我知道这听起来有些疯狂，但我当时只有22岁，未来的职业生涯无聊得一眼就能望到头。对我来说，这是金融界最激动人心的时刻了。两年后，我加入了那家理财规划公司。我终于进入了那间会议室，坐在了那张桌子旁边。

在那间会议室，每周一上午都会召开员工会议，经济学家、记者和基金经理都会发言，向我们讲述金融界是如何运转的。我就坐在他们对面。我了解到权力和金钱在现实世界的运作原理，也意识到这两样东西我一样都没有。我学会了如何制订理财计划，如何快速了解客户的家庭情况。一些资深的理财规划师会与我分享他们的经验：你如果想全面了解客户的财务状况，那就紧跟着钱的流动轨迹；既无知又傲慢的客户是最危险的（其实这点不限于客户），这种客户虽然身为职业投资人，但随时都有可能罔顾专业建议，转而寄望于运气。

我很庆幸自己能入职新公司，兴奋之余，我开始思考我为何能得到这份工作。为什么我如此幸运，能够洞悉金融界的运作方式？像我这种棕色皮肤、上普通州立大学的年轻人，世界上还有那么多，为什么偏偏是我有幸走进了那间办公室？和我一样的人千千万，怎么就挑中我了呢？为什么我能有机会学习这些只有在理财规划公司和美国最富裕的家庭里才会教授的东西？我努力不去胡思乱想、自寻烦恼，但最终还是失败了。我意识到，我必须把我学到的东西分享给尽可能多的人：那些最需要这些信息却又最不可能有钱买到这些信息的人，那些觉得自己被个人理财行业忽略、怠慢和无视的人。

我曾是业内的一名局外人，我在书中提出的很多理财理念正是受这段经历启发，但我也深受其他学科的影响。毫无疑问，我当然会从经济学的角度来讨论金钱，但我也会通过一些人们耳熟能详的故事来探讨金钱。我关注到在做理性决定时，情感因素会起作用，而创伤和压力等因素也会密切影响我们的理财行为。与大多数个人理财类著作不同，为了帮助大家更好地理解人与钱的关系，本书没有忽视当今社会中存在的固有问题，但也并未试图给出解决方案——那是另一个领域的话题了。不过，本书还是会直面现实，探讨金钱、债务、金融产品的出现如何跨越时空，塑造了现代生活。本书会讲述如何最大化利用我们手头的资源来创造财富。

虽然我们可以使用各种实用的现代工具来试图影响最终结果，但本书所提出的全局观念将带给我们更大的收获。而且，本书所提供的方法能帮助我们应对或远离那些无法控制的因素，让我们的心态更加强大。

你可以把本书视为帮助你改善财务状况的一把钥匙。我不会教你任何复杂的操作，比如如何通过外汇日内交易来赚钱，也不会鼓励你为了在32岁实现财务独立，把50万美元年薪的一半都存起来。如果你已经开始关心自己的财务状况，本书将为你打下牢固、完善的基础。

这些年，在与客户打交道以及撰写金融相关文章的过程中，我发现了一个有趣的现象：人们的行为往往与他们的需求不匹配，尤其是那些初涉理财的人。他们想存更多的钱，但却没有这样做。他们想投资，但一年又一年过去了，他们依然没有采取行动。他们需要赚更多的钱，但又顺从地接受现状。

所以我试图弄清为什么人们总是想一套做一套，连我自己也是如此。有时是客观原因，有时是主观原因，而大多数情况下，是客观条件、主观原因和具体行为的相互结合。无论造成这种矛盾的原因是什么，我都希望可以引起你的共鸣。如果不能，也许你可以从中获得启发，发现自己的问题出在何处。只有经过这样的深度思考，你才会明白应该关注自身的作为，而不是执着于那些不可控的因素。

虽然本书会详细罗列出多种理财手段供你使用，但我并不认为，仅因为我是这方面的专家，我就必然知道什么最适合你。随着越来越多的人向我咨询建议，我逐渐发现他们其实都知道应该怎么做，只是还没学会如何聆听自己的声音。

因此，在阅读本书时，你需要不断反思，让自己学会遵从内心的诉求、欲望和直觉。若你在深谙世事后仍能寻找到内心的方向，你就会发现自己其实颇有理财天分。这里说的天分不是指爱因斯坦那样的过人天资，而是指你感到自己有能力掌控生活。

我希望你思考的第一点就是，为何大家普遍认为人们的金钱观并不健康。我们首先要弄明白不健康在哪里，以及为什么会这样。弄清这一点的好处在于，让我们对自己的错误金钱观拥有清醒的认知，而这是那些指导性建议做不到的，因为每个人对金钱的矛盾态度都有不同的表现。

金钱如何在这个世界上运作？我们对这一问题的理解源于很多相互冲突的观点、动机、经历和信念。尽管金钱本身构成了某种社会契约体系，在一定程度上代表着社会和个人的价值观，但并非每个人都看重该体系的奖惩机制。你所看重的往往与你应该做的并不一致。

弄明白为什么我们的金钱观总是不太健康，是解决问题的第一步。因为你会意识到自己的问题，而非一直对此无知无觉。就像在黑暗的房间里开灯一样，你会眼前一亮、豁然开朗，发现生活其实有很多选择，可以采取跟以往不同的方法和行动，从日常习惯、人际关系到选择支持什么政策等方面均是如此。

过去，一些真真切切发生在我周遭的事情，比如有色人种女性和非少数族裔女性之间存在薪酬差距，有色人种女性创办的企业与非少数族裔女性创办的企业之间也存在收益差距，会让我对某些观点深信不疑。我曾觉得，有些东西天生就该是别人的，而非我能奢望的。这些想法塑造了我的自我认知和价值观，我花了数年时间才消除这些影响。而我当时居然会如此坚信这些观念，我要对此负起责任，这也是扭转我们对金钱的矛盾态度的步骤之一。

本书在很大程度上就是基于这样的逻辑撰写的，因为只有先了解是什么在塑造我们，我们才有机会改变自己。一旦我们意识到自己有能力做出改变，就不会再自怨自艾，而是会变得更加自主自立、轻松自在。

改变自我并不需要煞费苦心。实际上，我们要做的是秉持开放的心态，有时甚至只要愿意放下成见便足矣，因为可能正是这些成见在阻碍我们换个角度思考问题。

要理解这一点，不妨这样想：你试过向从没吃过芒果的人描述芒果的味道吗？你试过想象某种从未见过的颜色吗？其实，想象自己非常善于理财，或者至少比现实中更加擅长理财一些，大约就是同样的感受。

是不是感觉有点儿古怪？但事实就是如此。凭空想象某种见所未见的事物难度总是很大，因为没有过去的经验可供参考。但正因如此，我们才更需秉持开放的心态，敢于去发掘新鲜事物。乐意接纳别的可能，就不会被自身的预期所束缚，如此便可更加轻松自在。把紧紧攥住的拳头放松一下，有时反倒会见到另一番天地。

本书可以算是我对个人理财行业的一点点贡献。多年来，该行业的状况一直不算特别理想。我想坦诚地聊一些亲身感受，希望借此为行业的进步出份力。这些内容包括：多年以来，是什么助长了业内的某些不良风气，并使其成为通病；面对这样的现实，个人应该如何尽己所能地掌控自身的财务状况。而要做到坦诚，我在带着大家认识这一切时就不能理想化，而要基于当前的真实情况。因此，我在书中虽然不会给大家"不要买拿铁咖啡"或者"不要买牛油果吐司"之类的直截了当的建议，但也不会一有机会就论证怎样才能促进公平。这并不是说我不赞成凡事应当公平，但现实是，即便能做到事事公平，我们仍难免遇到各种各样的问题，因为生活本就是一团糟，不幸才是人生的常态。此外，我也从来没能靠别人争取到我应得的那份公平。所以我渐渐相信，倘要自主自立便不能寄希望于他人。

每代人有每代人的苦：有的人应征入伍上了战场，人生就此被改写；有的人对借贷条款还一知半解，就背上了学生贷款；有的人在房价最高时买了房子；更有人正准备退休，却被2008年的金融危机卷走了所有的储蓄。眼下，我们正担心着自动化和机器人会取代我们的工作。还有那些重病缠身的人，根本无力支付巨额的医疗费用。在我写本书的时候，我们仍在探寻新冠肺炎疫情下经济发展的出路。金融市场每发生一次震荡，就会导致一批人陷入危机，从此一蹶不振。许多人都曾遭受不公，许多人仍在房租飞涨、工资却不涨的城市里谋生。更有一代又一代的人因自身的种族、阶级，在经济、教育、法律、医疗和住房政策等方面受到不公平对待。我多希望我能提供解决上述问题的方法，可惜我不能。试问我们又怎么能要求每个人都有能力重整旗鼓呢？因为有些人连"旗鼓"都买不起！这就是我在这个比喻中需要强调的部分：总是要有人去生产

"旗鼓"的。人和人之间就是如此互相需要，人类文明的进步也正得益于互助精神。

人生就像一盘发馊的三明治，各有各的糟糕

战时被征召入伍　　糊里糊涂就　　房价最高时　　退休前一年，　　成了家中第一名
　　　　　　　　　背上学生贷款　　买了房　　　退休金账户里的　　大学生，毕业时
　　　　　　　　　　　　　　　　　　　　　　　钱打了水漂　　　却遭遇新冠肺炎
　　　　　　　　　　　　　　　　　　　　　　　　　　　　　　　疫情

本书也只是想为各位提供一点儿帮助。虽然我期望自己在书中能提供确凿明晰的解决方案，通过公平合理的财富再分配来解决根深蒂固的不平等问题，但我绝对无法修正一个连自己都深陷其中的体系。

我能为改变现状所做的一点儿贡献无非是：尽可能让更多人了解现有体系如何运转。我们无法致力于改变未知的事物，但随着学习的深入，我们得以更有力地质疑现存的体系。这时就体现出了解游戏规则的重要性，因为无论承认与否，你都已经是局中人了。大多数人生来就进入了一个体系，只要不选择退出，就等同于加入。而当你足够了解游戏规则时，你就能选择不同的玩法，你也可以选择退出或让其他人加入游戏。

本书鼓励你审视自己与钱之间的关系，并为你提供自我审视的方法。此外，本书也能帮助你了解自己为什么那么在乎钱。它教你如何利用你拥有的财产，为你和周围人的生活带来改变。这说来简单，但并不容易做，你要相信经历了这个过程，你必定会有收获。

本书使用指南

翻开本书，你将改变自己对金钱的看法、感受和理财方式。

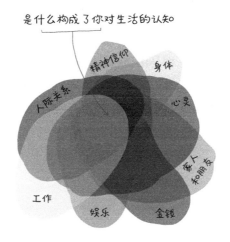

是什么构成了你对生活的认知

精神信仰　身体　心灵　人际关系　家人和朋友　工作　娱乐　金钱

　　我们生活中的所有部分都相互联系、相互重叠，影响着我们对自己的认知。因此，你对金钱的认知也不可能是割裂的，它在你的人际关系和日常生活中都会有所体现。你对自己的认知会影响你做出的选择，而你做出的所有选择决定了你现在是什么样子、你能做什么以及你未来想成为什么样的人。

　　我希望你可以努力做一些事，比如学习一个不公平游戏的规则，然后尝试加入该游戏。你要相信这个过程会帮助你了解自己和周围的世界，也能让你意识到，如果想要为改变游戏规则出一份力，你就必须首先改变自己。如果你不愿意或不能先从内部改变自己，你就无法改变外部环境。

无敌理财金字塔

如果你要涉足某个新领域，一本上佳的指南应该为你呈现一幅清晰的全景图。而在本书中，这样的全景图被称为"无敌理财金字塔"。它是指引你的理财之旅的地图，是栽满知识之树的森林，是帮助你初步了解个人理财的工具。这个金字塔没有密密麻麻、让人望而生畏的行业术语，而是用清晰易懂的粗体大字展示了理财领域的基本要素。我想以这种方式告诉你，理财领域比你想象的简单得多，非常适合用图画来解析。

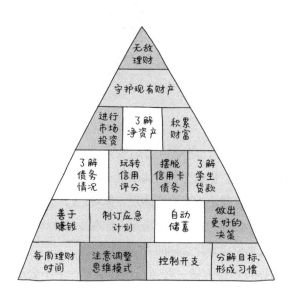

挣钱不易，管好你的钱

无敌理财金字塔使用指南——理论与实践

　　构成金字塔的每一个模块都代表了一个你即将学习的理财概念，以及你需要采取的行动。本书的教学理念是这样的：假设你身处一个毫无障碍的理想世界，你可以在学习完每个概念后就将它运用于实践。最后你将惊奇地发现，自己已经精通理财之道！

　　该金字塔的底部是非常基础且重要的部分，对初学者来说是一个很好的开始。塔中每个部分的难度按阅读先后顺序递增，所以请注意，你不能像阅读互动小说一样随意选择阅读顺序，因为本书讲解的顺序安排自有一番道理。对一些基础知识的掌握（比如了解你可以花多少钱），将影响后续章节中的理财决策（比如你应该储蓄多少钱或你需要买多少人寿保险）。

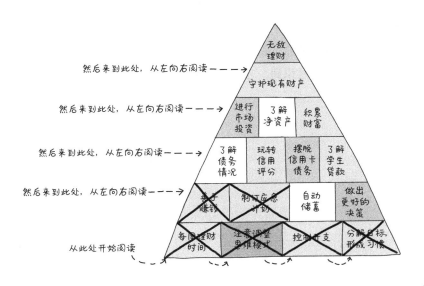

　　你可能已经开始学习一些理财概念并付诸实践，比如，你已经

了解了相关退休政策，并正在给401k退休福利计划①缴费。如果是这样，你也不用担心，现在你可以回过头来查缺补漏。如果你需要对已经开始的事情做出改变，顺其自然即可。

尽管每个人都会使用相同的理财指南，但每个人的实践过程不尽相同。

新的阶段，新的挑战

在攀登无敌理财金字塔的过程中，每一级都会有新的挑战。就像在超级马里奥兄弟游戏中，你的等级越高，遇到的敌人就会越强，砸来的锤子也会越多。当你来到新的关卡时，你可能需要采取和之前不同的技巧。你要面临的挑战可能源于你固有的狭隘观念，它会成为你继续向上攀登、积累更多财富的阻碍。如今，全球经济金融化进程不断推进，给劳动者带来的冲击更大，你可能要经过一番磨炼，才能更好地融入这个进程。如果你能够认识到这是前进的必经之路，你就能够更容易发现问题并解决问题。当你感觉停滞不前时，你就需要意识到，之前秉持的心态和采取的行动可能并不适用于下一阶段。

---

① 401k退休福利计划是美国创立的一种延后课税的退休金账户计划。401k退休福利计划只适用于私营公司的雇员，由公司提供，只要你是公司雇员即可参与。——译者注

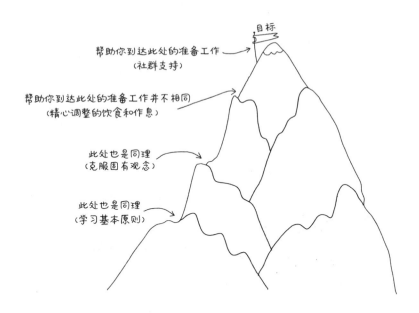

酝酿与行动：了解工作与开展工作

　　詹姆斯·克利尔（James Clear）在《掌控习惯》一书中说，酝酿指的是你能做但并没有实际去做的事情，可能是研究、阅读、学习、思考，也可能是培养意识。而行动是切切实实要做的事情。酝酿可能是观看视频网站上的课程，翻阅烹饪教材，并把面包食谱加入书签栏，而行动则是溶开酵母，揉捏面团。

　　本书的每一章都将对概念和理论进行深入探讨，以帮助你初步掌握个人理财的基本原则，也就是酝酿。同时，每一章都会有不同的实操练习，让你能够根据所学内容开展行动。

　　部分练习会涉及个人理财中的计算题。这些计算题不会很难，而且我会把每一步分解开来，所以相比代数考试，它们其实更像是按着编号涂涂颜色。其他练习则是简单的清单核对和简答题，或者让你写写心得体会，从而鼓励你进行更深入的内心探索。

让我在学习过程中收获最大的是静下心来撰写心得体会。我希望你也能够认真考虑在阅读本书以及做练习的时候写写心得体会。虽然我希望大家都这样做，但我知道这种方法不是对每个人都适用。当然，撰写心得体会并不是梳理思绪的唯一方式，你也可以选择通过散步或者跑步来梳理思绪。总之，不要因为逃避探索内心世界而对自己造成伤害。你要学着给自己创造一个宽松的空间，这样才能稍退一步，观察现状。敏锐的观察是数据收集的重要部分，而数据则是决策的重要依据。

这只是最基础的部分。要想带来变化，就需要采取行动。这个过程可能会给你带来一些未曾体验过的乐趣，甚至会让你有些不习惯。本书中的内容和练习会挑战你自己以及你原有的观念和预设。不过，接受挑战也是一种乐趣。

两种类型的乐趣

有一年我和朋友一起过感恩节，遇到一个刚刚录完一集真人秀节目《赤裸与恐惧》（*Naked and Afraid*）的家伙。你或许对这个节目有所耳闻。在节目里，一男一女两个人（这集比较特殊，有一群男男女女）要想方设法在茫茫荒野中度过21天，而且他们要一丝不挂！这似乎有点儿不近人情。

感恩节假期的第一晚，我们在一家漂亮的西部乡村酒吧喝啤酒，这家伙就坐在我对面。饭后，他开始指责其他人没有把饭菜吃光。他告诉我，他刚刚录完真人秀节目，在热带雨林中全裸着度过了21天。虽然因签署了保密协议，他不能透露最近这次旅程的细节，但他向我们讲述了第一次参与节目录制的故事。

他说起一只小黄蜂蜇他私处的经历，把大家的注意力都吸引了过来。他还说，参与者之间的对话要么是交流各自的排便情况，以监测彼此的健康状况，要么是绘声绘色地讨论饼干或者其他烘焙食品的做法及其可口味道，因为这两个话题虽完全不同，但对于野外生存来说都必不可少。

我发现他即便在讲述对于我来说是最为恐怖的噩梦时，依旧神采奕奕、兴致勃勃。在某种程度上，他甚至很怀念在热带雨林中全裸着的生活，还迫不及待想重返热带雨林。于是我问了他一个最明显不过的问题，也是你此刻正想问的问题："所以，你觉得这趟旅程有趣吗？"

接着他向我解释道，世上有两种类型的乐趣。第一种乐趣是享受当下，比如在沙滩上喝口冰凉的啤酒，或者在公园里漫步，这是简简单单的快乐。第二种乐趣是痛并快乐着，当回首过去痛苦的经历时，你会感觉很值得，因为正是它塑造了你的品格。

虽然我觉得全裸着在热带雨林中求生毫无乐趣可言，但我觉得，通过认清自我并推翻固有观念来改变个人财务状况，也并没有那么令人生畏、危险遍布、挑战重重。

我并不想把不同人的遭遇做生硬对比，但是我认为，如果一个人愿意回首一段过往，即便其中有私处被蜇疼的经历，依旧乐在其中，那么他可以阅读本书，着手理财，做出改变，成为自己想成为的样子，回首并感叹这是多么有趣的挑战呀！你说是吧？

每周理财时间

要在理财之路上走得更加顺畅，最重要的一步便是每周腾出时间来梳理自身财务状况。只要投入时间规划理财，你就能在这条道路上走得更加长远，这或许就是你能从本书里学到的一条重要道理。就我个人经验而言，如果你想立即着手改善财务状况，这是最简单有效的做法之一。

进行每周理财规划的时间安排可以非常灵活，你可以预留30分钟至1个小时，给予自身财务状况必要的关注与思考。预留了时间，就相当于你事先向自己承诺会花心思去理财，而不会占用这段重要的时间来完成其他的任务或计划。每次进行理财规划，你都是在逐渐树立自信。当你有能力改变自己，养成新的习惯时，你也就拥有了自信。

在成长的过程中，我从不相信一味努力就能换来成功。我深信的是坚持会让我们养成良好的习惯，而随着时间的推移，这些好习惯会积少成多。能持之以恒地进行理财规划本身就是一种成功，因为无论结果如何，你都通过兑现自己的承诺成就了自己。

每周花时间理财这个建议听起来有点儿过于简单甚至笨拙。但身处一个瞬息万变、难以预测的世界，生活中最行之有效的做法往往就是那些简单的重复性工作。

因为这个方法相对简单，所以它肯定能起到作用。比起还清贷款、让自己无债一身轻这样的宏大目标，每周进行一次理财规划带给我们的心理负担会小很多。只要养成每周进行理财规划的小习惯，其他的事也就水到渠成了。这就像健身的时候，教练一般会建议你每隔一天就穿上运动服和跑步鞋，而不是让你每周至少跑步4天，毕竟换套衣服要简单得多。只要换了运动服，你多半就会出门跑步，无论当时有没有这个打算。

在每周理财时间，你可以做各种各样的事，比如思考更换工作、创业或怎么攒钱以组建家庭等重大财务决策。你也可以充分利用这段时间来做调查，再思考分析如何决策。自由职业者和企业老板可能会投入大量的时间来管理和审查他们的财务状况，比如开新发票、追收应收款、支付发票、管理工资和记账等。

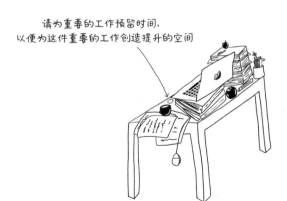

请为重要的工作预留时间，
以便为这件重要的工作创造提升的空间

　　除此之外，你还可以利用这段时间做些别的事情。例如，你可以咨询移动运营商是否有更实惠、更符合自己需求的套餐；可以看看信用卡还款计划，还上其中一笔，好让自己离偿清信用卡债务的目标更近一步；可以整理好报税所需的一系列材料，以免错过最后期限；可以给前任雇主打个电话，把之前的401k退休福利计划转到新单位；可以将这段时间用来和另一半商量重大的财务问题；可以把年终奖金转入储蓄账户或投资账户。如果你在严格执行合理的支出计划，并确定自己不会透支，那么你还可以为某些支出项目设置自动转账。当然，我也强烈推荐你利用每周理财时间读读本书，并完成相应的练习。

　　如果你不太情愿安排每周理财时间，不妨听我一言：我们心中的绊脚石，有时亦是通往自由的助力，无论是单就理财而言，还是推及生活各个方面，莫不如是。自律方能自由。我们如果能每周定时打理财务，便不必时刻担心财务情况。这是因为我们清楚自己专门预留了理财时间，财务问题不会不合时宜地冒出来扰乱我们的心绪。因此，规划每周理财时间正是通向自由的一小步。

控制圈与关注圈

最后，我还会提到两个能帮你更好地利用本书、做好理财的概念，即"控制圈"和"关注圈"。这是畅销书《高效能人士的七个习惯》作者史蒂芬·柯维（Stephen Covey）提出的概念。[①]柯维想要说明的是，我们可以思考所有我们关心的事情，但同时我们也应该认识到，对于一些看似无能为力的事情，其实我们比自己想象中更有能力去把控好。

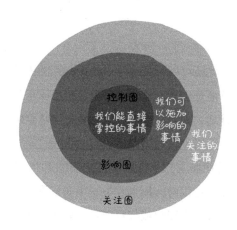

顾名思义，控制圈内是我们能直接掌控的事情，例如从哪里买东西、读什么书、学习哪些技能、选择何种生活态度、如何投资等。控制圈内的事情不仅受我们控制，还会反过来直接影响我们的生活质量，乃至我们的周遭环境。

而关注圈内的事情可能会，也可能不会影响我们的生活，但无

① 史蒂芬·柯维在《高效能人士的七个习惯》一书中提出了关注圈、影响圈，但并未提及控制圈。控制圈是柯维的儿子肖恩·柯维（Sean Covey）在其作品《杰出青少年的七个习惯》中提出的概念。——译者注

挣钱不易，管好你的钱

论如何，它们都不是我们所能掌控的，例如股价是涨是跌，名人们怎么花钱，老同事的社交账号上是不是全是度假照，整体经济形势如何，等等。这些事情无论是否在我们的关注圈内，都不由我们掌控。

当我感到无能为力的时候，我会专注于我能掌控的事情，尽力扩大我的控制圈。比如，我如果对自己未来的财务状况感到焦虑，就会先调整呼吸、抑制心中的焦虑感，不至于因情绪波动而乱了方寸，这样才能弄清这份焦虑从何而来——是因为潜在大客户没有与我们公司签约，是因为出现了意外的大开销，还是因为股价暴跌？以上述情况为例，我会这样专注于可掌控的事情：如果是错失了大客户，我会专注于思考公司营销策略有何不足，反思为什么没能拿下客户，努力提高后续的成交率；如果是出现了意外的开支，我会将重点放在本月预算上，思考可以分出哪部分预算来填补这一笔开支；如果遇上股价暴跌，我可能会暂且放弃每天盯着手头的股票，并提醒自己，市场本就有涨有跌，从长远来看不会有什么问题。总而言之，扩大自己的控制圈就是拒绝陷入被动，让自己得以更仔细地思考如何将有限的精力投入可控的事情。学会专注于可控之事让我的生活发生了极大的改变，同时，这些在我掌控之中的事情也会对周围的世界产生更大的影响。我写本书亦是有这样的效果。

当然，你很容易因纠结于关注圈里的事物而感到无助沮丧，陷入绝望的旋涡。但你要知道，你的控制圈里并不是只有权力，也有你的脆弱。外界有很多事情无法掌控，却会影响你的生活，在这种情况下，要为自己的能力和行为负责并非易事。有时你就像置身于茫茫大海中，只能随着波浪沉浮，但要记住，无论何时，你都可以选择乘风破浪，最终稳立潮头。我们在担忧、批判这个世界的同时，仍可以将多数精力用于落实行动，对控制圈内的事情产生影响，因为世界需要我们做出这样的改变。

本书使用指南

"不妨一试"板块介绍

我在书中的"不妨一试"板块介绍了一些工具，它们在我学习理财的过程中都发挥了非常重要的作用。其中一些听起来可能有些奇怪或难懂，不过钱本身就是奇怪难懂的，毕竟钱的价值都源于我们的集体想象，这点着实是古怪之极。

练习
规划每周理财时间

第1步：一边听（此处填上一首能让你鼓足干劲的歌曲），一边看着镜子里的自己，下定决心做出改变。你可能在想这个步骤是不是在开玩笑，但我是认真的。

第2步：打开你的日程表，无论什么形式的日程表都可以。

第3步：每周固定腾出一个小时，与自己开一次会。

第4步：将这一个小时定为你的每周理财时间。

第5步：在这一个小时内，不要让任何会议、电话或其他事务干扰你，专心做理财这一件事。但有时你也可以适当调整，比如在度假的时候。

第6步：每到理财时间，你就可以坐下来，选择一个你关心的理财话题，阅读本书中的相应章节，再做一些练习。

第7步：长时间甚至终身坚持这一理财习惯。①

第8步：观察这一习惯给你的生活带来了什么样的变化。如果你愿意的话，可以和我分享。说真的，我很想知道。

---

① 这是至关重要的一步，内行与外行的区别就在于此。日积月累，就能给生活带来变化。半途而废很容易，就像上一节普拉提课之后就再也不去了一样简单。但我希望你能坚持下去。

练习

绘制无敌理财金字塔

是时候向着理财海洋勇敢地迈出探索的脚步了！请绘制出你自己的无敌理财金字塔，将理论付诸实践。

第1步：利用无敌理财金字塔，跟踪自己的理财进度。（发挥创造力，打造独具特色的专属理财金字塔。）

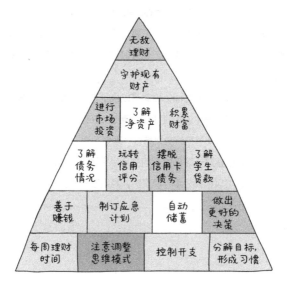

第2步：在社交媒体上分享你的专属理财金字塔和理财状况。

第3步：带上"为自己理财"的话题标签。

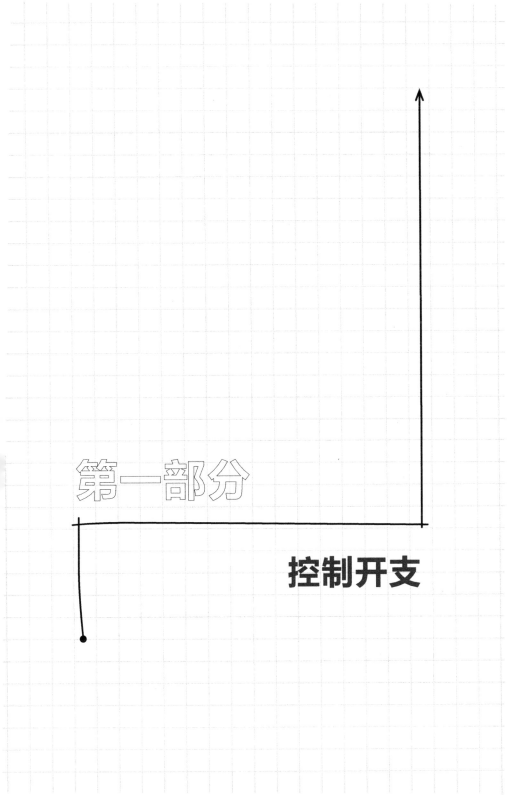

第一部分

控制开支

金钱到底意味着什么，由你自己说了算。金钱之所以有价值，是因为我们都相信它有价值。我们理所当然地认为，在这个复杂精巧、自欺欺人的现实金钱游戏里，我们都是心甘情愿的参与者。如果不先探究人们如何看待金钱对生活的意义，我就无法写就这本关于金钱的书。

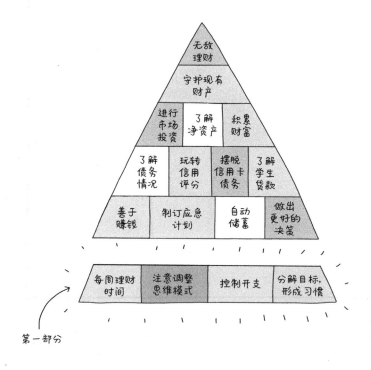

第一部分

在第一部分，我们将深入探讨为什么我们的金钱观普遍并不健康，并花时间审视各种影响现代人消费行为的事件、因素和条件。我们将学习如何构建一个开支管理体系，防止自己乱花钱。此外，我们也会探讨如何设置符合自己价值观和愿望的理财目标。

为什么我们的金钱观并不健康

2006年夏天，我在金融服务行业的第一份工作是在位于加利福尼亚州布雷亚市的一家银行当托收代理人。夏天的布雷亚市阳光明媚，我坐在银行的呼叫中心，向车贷还款逾期的客户催债。我没有能让我走后门进入高盛集团实习的叔叔，为了在"金融行业"积累经验，我只能尝试这样一份工作。

一开始，我觉得自己有些粗鲁无礼，也有些不自在。我自己不过20岁，从来没有承担过偿还车贷或其他贷款的重负。对于客户来说，我也只是一个不见其人的声音，却还要询问他们的个人隐私。我不禁开始反思自己对于金钱的态度。我从小习得的观念是：人们只有在私下里一个人的时候，才会悔不当初地回顾自己在理财上犯过的错误、走过的弯路，平时不会轻易向陌生人袒露心声。而通过这份工作，我学会了如何与陌生人谈论金钱。这种交谈不是像商店店员告诉顾客购物总额那样简单直接，而是要问清每一位客户延迟支付车贷的具体原因。除了学会与陌生人谈论金钱，了解了贷款和信用评分的运作机制，我还在银行里学到了其他东西，它们对我的世界观产生了深远的影响。

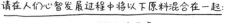

"不健康理财观曲奇"配料表

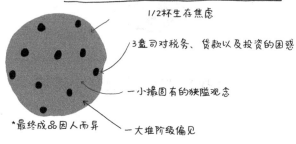

请在人们心智发展过程中将以下原料混合在一起：

1/2杯生存焦虑

3盎司对税务、贷款以及投资的困惑

一小撮固有的狭隘观念

一大堆阶级偏见

*最终成品因人而异

*从出生就开始在不平等的社会环境中烘烤

金钱观不健康才是常态

从业以来，我已经和数千人讨论过钱的问题。无论性别、种族、性取向、政治倾向或者社会经济背景如何，他们都有一个共同点，那就是抱有不太健康的金钱观。这似乎并不出人意料。毕竟，导致这种金钱观形成的组合因素堪称无懈可击：负面情绪+现实的金融运行机制和个人想法之间的差距 × 不平等的现状＝不健康的金钱观和各种问题。基本上所有个人理财窘境都是这几个因素造成的。

在进行理财决策时，我们所能掌控的本就不多，若是还抱有这种不健康的金钱观，更是雪上加霜。

从心理学的角度来看，我们所处的内外部环境、所做出的行为和我们对自身技能水平的认知，塑造了我们的金钱观、价值观和身份认同，同时它们也深受这些因素的影响。

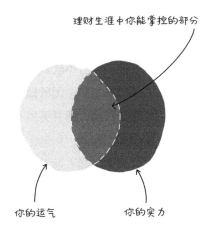

理财生涯中你能掌控的部分

你的运气　　　你的实力

　　我遇到过一位女士，她继承了大笔财富，但却认为自己是经济、种族和财富平等的捍卫者。这两种身份完全冲突，让她万分苦恼。她为自己继承的财富和享有的特权感到不安，于是开始疯狂花钱，似乎钱花完了就可以摆脱这种处境。她每个月都会收到信托基金的拨款，然后在下个月拨款到账之前花完，这就导致她总在两个拨款日之间感到焦虑，这种焦虑本质上和许多"月光族"的焦虑是一样的。她的身份冲突、负罪感、羞耻感以及受到冲击的自我价值，都让她感到痛苦。在心理学上，我们的大脑会通过重构信仰、身份和行为来调和我们内心的矛盾冲突，但很多时候，我们会像这位女士一样选择自暴自弃。世界上最厉害的预算应用程序也救不了她，她需要正视自己不健康的金钱观，这是第一步。

　　我还认识另外一位女士，她从小生活富裕，习惯了一切都有别人帮她打理。在这种成长环境下，她没有学会管理开销，而且她认为自己属于富人阶级，这种身份认同让她习惯性依赖别人来帮她处理邮件、支付账单，因此，亲自料理这些事务对她来说就成了一个大难题。此外，由于钱对她来说从来都不是问题，因此即使知道应该对自己的财务状况多加留意，她也一直不管不问。不出所料，她的财务状况存在很多疏漏。尽管不缺钱，但她支付了很多不必要的滞纳金，而且对自己的经济状况一无所知。有钱并不会让你树立正确的金钱观，甚至可能让你的金钱观更加不健康，因为你可能从没学过实用的理财技能。不仅如此，如果你一直被教导谈论金钱是不得体的、应避讳的，那么你可能永远不会在需要的时候寻求帮助。

我也见过很多在贫穷困苦、物资匮乏、漂泊不定的环境中长大的人，他们饱受成长环境带来的心灵创伤，因此坚定认同自己是受害者。这些人除了要面对实际存在的外部障碍，还要与自己的内心做斗争。因为当这些人想要实现财务稳定时，可能需要采取一些与他们受害者身份认同相冲突的行动，这导致他们的自我认同和行为方式存在种种矛盾。要想调和这种冲突，他们可以选择治疗心灵创伤，并努力弱化自己的受害者身份认同，或者选择继续以受害者心态行事，而这往往无异于自暴自弃。

如果不去探讨人们不健康金钱观背后的种种心理学原因，那么我们可能会简单地认为，他们是因为文化水平不高或意志力薄弱，才会做出不符合自己最大利益的行为。正因如此，专家提出的许多传统理财建议有着很大缺陷。这些建议充其量只触碰到了问题表层，因为它们往往只涉及技能和行为层面，忽略了外部环境与内部环境的作用。而我们的价值观、理念、身份认同以及这些因素错位时造成的痛苦冲突，正是由环境造就的，同时也塑造着环境。

资本主义和消费主义导致不健康的金钱观

奥地利神经学家西格蒙德·弗洛伊德（Sigmund Freud）创立了精神分析学派，这是一门帮助人们治疗精神疾病、理解人类行为的学问。弗洛伊德认为，我们在早期发育过程中的经历极大地塑造了我们的性格，并影响着我们成年后的生活。他认为大脑有不同层次的意识——意识、下意识和潜意识。我们可能认为，人类的行为是受有意识的、理性的选择支配的，但弗洛伊德认为人类的行为是受下意识和潜意识所驱使的。

弗洛伊德的侄子爱德华·伯奈斯（Edward Bernays）是第一个利用弗洛伊德关于人性的学说，通过现代营销和广告宣传手段来操纵大众的人。[1]第一次世界大战期间，他进行了初步尝试，利用媒体帮助伍德罗·威尔逊（Woodrow Wilson）当局为美国参战开展国内外宣传工作。在战争结束后的巴黎和会上，伯奈斯目睹了政治宣传的效果，并开始思考如何在和平时期利用宣传手段来操纵大众。回到美国后，他成立了一家专门从事宣传工作的公司，并将这种工作更名为"公共关系"。

伯奈斯根据他姑父的构想创造了一种新方法，并将其称为"共识操纵法"。这种方法利用潜意识、不理智的情感来对人们产生影响，使其以特定的方式行事。他提倡的理念是："在人们不知情的情况下，引导他们按照我们的意愿行事。"[2]伯奈斯认为，无关紧要的物品可以成为你的标签，将你塑造成希望别人看到的样子。一旦产品与人们的情感欲望和感受产生联系，人们可能就不会客观看待这个产品。在大规模宣传产品前，大多数营销形式都关注产品功能的实用性。伯奈斯的营销方法不是关注你需要什么，而是关注你潜意识中想要什么，即你可能并不需要那件新衣服，只是你穿上它会感觉更好。

　　伯奈斯最经典、最成功的宣传活动之一是1929年在纽约举办的一场复活节游行。美国烟草公司总裁乔治·华盛顿·希尔（George W. Hill）找到了他，希望他能使女性变得愿意在户外吸烟，而不仅是在室内吸烟。伯奈斯将目光投向了心理学，并咨询了弗洛伊德的学生、精神病学家亚伯拉罕·阿登·布里尔（A. A. Brill），试图探究女性想吸烟的心理学原理。布里尔认为，香烟是男性的象征，女性吸烟可以使她们在某种程度上感觉到男女平等。吸烟关乎自由和平等。伯奈斯在复活节游行上组织女性进行充满戏剧性的公开吸烟表演，并以此告诉媒体，希望支持妇女参政的人士能够点燃"自由的火炬"。第二天，即1929年4月1日，《纽约时报》的头版写道："一群女孩点燃香烟，展现'自由'姿态。"接下来的故事就尽人皆知了。

　　这个噱头大获成功，随后企业开始纷纷效仿，华尔街也很快跟进。来自雷曼兄弟控股公司的华尔街著名银行家保罗·梅热（Paul Mauzr）在1927年的一期《哈佛商业评论》上说："我们必须把美国的需求文化转变为欲望文化。人们必须被训练得充满欲望、喜新厌旧。我们必须塑造一种新的美国心态。人的欲望必须超过他的需求。"这种文化的转变带来了消费热潮，创造了繁荣的股票市场。伯奈斯借此提出，普通人也应该拥有股票和股份。

　　商家利用人们自我欺骗的这种心理学理论来精心设计现代营销宣传方案。我们受他人操纵，即使我们知道这不符合自身的最佳利益，仍然会做出不理智的决定，购买本不需要的东西，导致储蓄不断减少甚至负债累累。生活中铺天盖地的宣传广告潜移默化地促使我们消费，不知不觉间，我们早已被深深吸引，无处可逃。

　　人们可能很难相信这个事实，因为它听起来完全是公然欺骗。

但美国经济如此强大，正是得益于消费者无休止的消费欲望。仅这一点就足以扭曲我们的金钱观，但这还只是众多隐形因素中的一个。

把社会问题归咎于个人导致我们形成不健康的金钱观

较大的贫富差距会带来持续的心理压力以及社会压力。研究人员和科学家已证实，外部的不平等因素会引起慢性炎症、染色体老化和大脑功能退化等生理变化，对我们的身体造成影响。[3]

社会不平等会给人带来很大压力，这种压力不仅会在细胞层面影响身体、破坏免疫系统，从而引发健康问题，还会影响大脑功能以及决策能力。事实也的确如此。穷人会将手头微薄的金钱花在彩票上，而不是存起来；他们还会签下霸王条款去借利息极高的薪水贷，最终不可避免地陷入不断借贷、不断欠债的圈套。显然，但凡有点儿理智的人都知道，在生活拮据的时候不应该去买彩票或者借薪水贷。但有些人还是一意孤行，因为他们并不一定是在调用大脑的理性区域来做决策。大脑中的前额叶皮质区域负责理性决策、制定目标等长期计划以及控制冲动。在持续的经济压力下，人的前额叶皮质会产生连锁反应，功能逐渐减弱，直至停止运作，于是原始本能开始占据上风。根据神经学理论，髓鞘化是在神经元传导通路之间生成髓鞘，起到绝缘作用，从而加快信号传递的过程。神经元和髓鞘的联结受损会导致大脑在冲动下做出糟糕的决策。前额叶皮质功能减弱时，大脑会倾向选择即时快感，而非对自身安康进行长远考虑。

社会贫富差距越大，犯罪率、凶杀案发生率、监禁率越高，儿童受霸凌、青少年怀孕和受教育水平低的发生率越高，患有精神疾病、酗酒成瘾、滥用毒品的人也越多，人们很难实现阶级的跃升。这些压力源会使人身心受创。长此以往，那些处于社会经济最底层的人就会陷入失去理性思考能力、做出糟糕理财决策的恶性循环。

不平等与其他社会问题产生叠加效应，从而对整个社会都产生不良影响。我们首先需要认清不平等对财务健康以及对人们在少数几个可控领域做出财务决策能力的影响。理财专家有时会把不理智的理财行为归咎为意志力薄弱，或试图把解决问题的方法简单归结为掌握理财知识，或对人们进行羞辱和道德审判，而这些都对社会及个人有百害而无一利。这些个人理财专家若是无法透过理财问题看到背后隐藏的社会问题，则结果远不止尴尬和令人不适。管中窥豹，便只能得出狭隘的解决方案。

不平等带来压力，
从而导致做出糟糕决策的恶性循环

你会一直紧张焦虑

糟糕的决定
导致不理想的
结果

你会做出
不理智的
决定

除了外部环境和一些不可控因素，很多我们可控或可以改变的因素，也会导致我们形成不健康的金钱观。

接下来，我们就其中一些因素展开讨论。

每个人的所见所闻塑造了自己——内部环境和身份认同

不健康的金钱观可能源于我们的所见所闻，以及我们持续对其进行的有意或无意的自我解读。从他人口中听来的故事、自己的亲身经历和理解世界的方式都影响着我们。小时候，我们会从各种照顾我们的人口中听到各种故事，可能是父母、祖父母，也可能是阿姨、叔叔、堂兄弟姊妹，还可能是朋友或者同一个街区经常一同骑车的大孩子。同时，我们也会从警察部门、法律系统、学校、媒体、营销活动中获取信息，从文章、书籍、音乐、电影、社交媒体和互联网中看到世间百态。我们从所见所闻中得出结论，并将它们与我们的过往经历联系起来，久而久之它们就会对我们产生影响，坚定我们的观念。

我们在生活中不断经历，这些经历不断冲击我们的观念，形成了我们对世界的理解。即使那些你选择不去相信的事物，也会对你产生影响，因为世间万事万物都是相互关联的。

假设有这么一个小男孩，他观察到父亲由于工资没有母亲的高，便一直在家里抬不起头。小男孩对父母之间因金钱产生的争执有着自己的理解。他的父亲根深蒂固地认为，男性应在婚姻中扮演重要角色，而薪水微薄使他缺乏安全感和自尊心。但小男孩却只会简单地认为，谈论金钱就会导致争执，而争执会令他失去安全感，所以谈论金钱会让他失去安全感。当失去安全感的时候，他就会摆出防御的姿态，自我孤立。我们也都有过类似的经历，但如何解读因人而异。

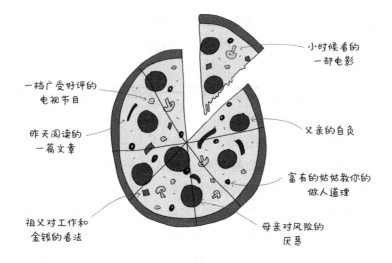

小时候看的
一部电影

一档广受好评的
电视节目

昨天阅读的
一篇文章

父亲的自负

富有的姑姑教你的
做人道理

祖父对工作和
金钱的看法

母亲对风险的
厌恶

　　另外，整个社会都对金钱相关的话题保持异常缄默的态度，这就导致了更加不健康的金钱观。举个例子，我们当中有多少人曾被明令禁止在公司与同事谈论薪水话题？我也相信金钱在大多数家庭中都不是一个常谈的话题。关于金钱的争论时常发生，却鲜少得到解决。由于谈论金钱的欲望不断被压抑，我们在面对这一话题时不再沉着冷静、直截了当，而是情绪失控、歇斯底里。我们如果不学着谈论金钱，就会在面对这个话题时表现得一塌糊涂。

　　如今，你可以用手机软件来跟陌生人约会，甚至可以在个人简介中表明自己的政治倾向，但"谈钱是禁忌"的观念仍然根深蒂固地存在于社会的集体信仰体系中，这着实有些不可思议。我认为，在过去，阶级分明的奴隶制对创造社会财富起到了很大作用，因此这种禁忌有其存在的意义。历史上早有穷富之分。富人家财万贯，没有金钱方面的顾虑，而穷人却挣扎在温饱线上。更有甚者，在极端不平等的奴隶制下，穷人一无所有。我能够理解，正是因为考虑到与身处窘境的人谈论金钱，无异于让他们直面社会不公的现实，所以人们才会在谈论金钱时产生尴尬、羞耻和歉疚的感觉，从而也就很好理解为什么在这种情况下谈钱是不恰当的了。但如今，"不管在什么情况下，只要谈论金钱就是不恰当甚至可耻的"观念依然深深根植于社会每个角落，而对这一观念的挑战才刚刚开始。

深埋心底的潜在观念

过往的经验藏在潜意识中，潜移默化地塑造着你的思维模式，你之所以会做出某种行为、选择某种职业，或者在某个地点产生安全感，都源于心中的观念。若不能跳出自己的世界观去分析这些观念是如何产生的，也不对这些观念进行取舍，你就会在处理金钱事务以及形成金钱观时，不自觉地被别人牵着鼻子走，它们会影响你的职业选择、消费方式，影响你如何利用金钱来处理人际关系。这些观念塑造了你看待金钱的思维模式。

你是否曾听父母说，只有懒人才不工作？你是否曾听外祖母念叨，金钱是肮脏的？你是否曾目睹父亲为了万能的金钱而牺牲他所有的闲暇时间？你是否想过，这些所见所闻如何在你的脑海中生根发芽，将你塑造成现在的模样？你想改变自己的观念吗？如果观念发生了改变，你又会是什么样的人？你会是那种底气十足地争取薪水的人吗？你会是那种每次发了工资都存下来的人吗？你会是那种觉得挣钱不是难事的人吗？若是能辩证看待你的观念和它们形成的过程，你就能逐渐提升洞察力，从上一代人的希望、梦想和恐惧中解脱出来，获得改变的力量，因此辩证分析非常重要。

观念的转变不是一蹴而就的，有时会随着时间的推移而逐渐发生转变。我如今对金钱的态度就是在多年的观察和顿悟中逐渐形成的，我也不是天生就会写书来帮助人们理财。当我回望走过的路，第一步就是审视自己的内心和思维模式。我们的生活经历其实全是通过所见所闻得来的，我们必须从此出发，认清我们所处的循环往复的困境，然后做出改变，挪开路上的绊脚石。

改变陈旧的观念听起来像是一场轰轰烈烈的除旧革新，却不一定需要大动干戈。这可能只需要你放弃那些曾助力你走到这里，而不一定对你的前程有益的东西，比如把初三的代数书换成高一的几何书。代数书只是能够让你通过代数考试的工具，而想要通过几何考试，你就得使用新的工具。

必要，但还不够

在进一步谈论观念之前，我想简单说一下，我并没有天真到认为改变了观念就足以消除所有财务困境。当然还有其他发挥作用的因素，比如你所采取的行动、就业市场的状况、你所处的环境，以及系统性的种族主义和不平等，这些都是我们要面对的实际困境。但无论情况如何，正确的观念仍然是有所成就的必要因素。换言之，光有正确的观念还不足以让你到达想去的地方，但没有正确的观念，你可能连第一步都无法迈出。

发掘你的信念

你可能自以为了解自己的信念。你理性的一面能毫不费力地列出一连串自己的价值观。但如果你曾经做过一些与你性格不符的事或说过一些不像是你会说出的话，让你不禁开始自我反思并想要了解为何如此，那么你可能并未完全清楚地意识到潜意识层面的信念是如何影响日常行为的。这样的你就像处于自动驾驶模式的司机，如果想要改变，你必须停止自动驾驶。你不仅要清楚自己的行为模式，还要了解背后的原因。

你对外隐藏的勇敢又富有创造力的自我

你害怕面对的事物

情感包袱

潜意识就像一个黑暗的阁楼

　　要做到这一点，你可以对自己的潜意识深入探索一番。潜意识就像一个地下室或阁楼，我们在这里丢弃情感包袱，倾倒不愿面对的杂物，而不是将它们好好处理，彻底清除。我们对于世界如何运作的想法和信念都深藏于此。除非花时间深入探索，否则我们并不能完全确定潜意识的黑暗角落里到底隐藏着什么。当然，想要避开黑暗的、令人毛骨悚然的未知事物是人的本能，也是理所当然的。

　　但就像面对地下室或阁楼一样，对未知的恐惧才是真正让我们害怕的。一旦打开灯，我们就会发现自己害怕的其实是恐惧本身。

　　要探索潜意识，有很多不同的方法，比如各种形式的疗法、冥想、指导、催眠或做清醒梦①。没有什么唯一正确的方法，一切都

---

① 清醒梦一词是由荷兰精神病学家弗雷德里克·范·埃登（Frederik van Eeden）在1913年提出的，指的是做梦者于睡眠状态中保持意识清醒。——译者注

视你的个人情况、财务状况以及心理健康状态而定。或许你可以寻求专业治疗师或其他专业人士的帮助。

分裂的情感导致不健康的金钱观

每个人都是无数欲望和恐惧的集合体。每个人都由无数个"我"构成，而每个"我"都有各自的欲望，这就常常导致我们内部产生一种对立的力量。一个"我"可能需要一些东西，另一个"我"却对这些东西不屑一顾。一个"我"想要投资，另一个"我"却不想遵守投资规则。一个"我"想自己当老板，另一个"我"却害怕风险和不确定性。一个"我"想要控制开支，另一个"我"却讨厌这种受限的感觉。

存在这些冲突完全正常。当我们不知道如何整合冲突的自我甚至拒绝面对某些自我时，问题就会出现。随着不断成长，我们从周围的环境中获取各种信号，这些信号告诉我们应该如何行事，应该成为什么样的人才会被爱而不受排挤。任何超出我们可接受范围内的欲望、情感或自我都会威胁到我们的归属感。为了维持这种归属感带来的安全感，我们会下意识地排斥部分的自我并将其隐藏。一些精神病学家将这些隐藏的自我称为"阴影自我"。

我有一位名叫克里斯坦·萨金特（Kristan Sargeant）的个人成长导师，他让我第一次了解到"阴影自我"这一心理学概念，这个概念的提出者是精神病学家、心理学家卡尔·古斯塔夫·荣格（Carl Gustav Jung）。荣格认为，"阴影自我"是我们不认同或主动拒绝的无意识自我，是我们性格中藏于潜意识的未知阴暗面，是我们不想看到的自我。我们不想看到这些被我们认定为没有吸引力的品质，试图将其推开、淡化或隐藏起来，这是因为我们认为社会或家庭不会接受这样的我们。

　　如果你曾经听父母说关心金钱会让你变得贪得无厌、渴望权力、物质至上甚至道德沦丧，那么你可能会下意识地试图隐藏或否认你对权力或财富的渴望。这种自我分裂可能会让你很难安心接受或要求得到某些东西，比如丰厚的薪水和升职加薪，你甚至会对投资的好机会视而不见。你可能会逃避或放弃机会，你也可能会排斥在家庭养育过程中被灌输的理念，久而久之形成一种难以察觉的情感包袱，你还可能会过度沉迷于挣钱。面对这些难以调和的分裂情感，每个人都有独特的应对方式。

　　但面对不合理的理财行为、糟糕的负面情绪和过去的心理创伤，唯一真正有效的方法是找到它们产生的根源并努力将其融入生活。在这个社会，负面情绪没有立足之地，也从来没有人教导过我们如何处理负面情绪。这里又要提一下消费主义文化。一旦我们产生了负面情绪，市场上铺天盖地的营销信息就会鼓励我们通过消费来消除这些情绪。如果无法消除，问题就在于我们。如果我们继续逃避负面情绪，这些情绪必然会在之后的生活中时不时出现，无法彻底消除，从而让我们感到困扰不已。然后，我们又会试图通过消费来解决这些消费无法解决的问题，接着又开始对自己的负面情绪产生负面情绪，比如羞耻感和负罪感，这些都是极为常见的由金钱引起的情绪。

每个对金钱怀有羞耻感的人背后都有一段往事，他们对这段往事耿耿于怀，乃至衍生出一些根深蒂固的规则或信念。有些人觉得自己工作得还不够卖力，所以不配拥有钱，这可能是他目睹父母为生计受苦受累后给自己定下的规则。还有人不敢把钱花在自己身上，因为他们觉得自己不配。另一些人则有可能过度消费，因为他们下意识地认为手头有余钱会让人变坏。或者，人们会对自己的债务感到羞耻，从而难以制订一个更快还清债务的计划。羞耻感可能会让你避免谈论金钱这一难以启齿的话题，你也可能会不知不觉地在谈话中透露出这种羞耻感。如果羞耻感让你觉得想赚更多的钱并不是一个良好品质，那么它就会阻碍你找到更好的赚钱机会（比如创业或学习谈判技巧以增加成功加薪的概率）。

关于金钱，另一种常见的情绪是负罪感。当我们做出不符合外界期待或违反既有规则的行为时，负罪感就会随之而来。这样的例子有很多，比如：背上巨额债务去冒险创业，而不是找一份稳定的工作；选择一份可能不怎么赚钱的职业；等等。在社会规训的影响下，负罪感会让我们待在自我划定的安全区内。它会绊住我们前进的脚步，以有可能牺牲个人或集体利益的名义阻止我们做出大胆尝试。

这些负面情绪在我们每个人身上的表现各不相同。负罪感和羞耻感可能会让一些人甘于从事薪酬微薄的工作，而让另一些人牺牲个人生活换取物质上的成功。我曾听过一位女士的故事。这位女士儿时对金钱的记忆常常与酒瘾、虐待和创伤交织在一起。她的父亲经常拿到薪水后就去喝得酩酊大醉，回到家就虐打她母亲。由于从小目睹这种情况，她开始将金钱与危险画上等号。正是受这种难以言明的、下意识的想法影响，长大后，她刻意逃避查看自己的财务状况，而且经常手头有多少钱都全部花光。只有在她终于能够正视这段痛苦的儿时记忆时，她才找到自己财务问题的根源。

　　荣格曾写道："每个人都有阴影，越少出现在清醒意识中的阴影就越黑、越深。如果自卑能被觉知到，就总有机会改正它……但自卑如果是被压抑的、未被察觉的，就永远得不到改正。"[4]

　　唤醒下意识与潜意识的力量，积极整合我们曾排斥和抛弃的那部分自己，这是必不可少的一步。否则，你依然会下意识地让旧的规则一直全方位支配你当下的行为。

你持有怎样的金钱观

　　要改善自己的财务状况，首先要深入了解自己的金钱观。

　　只有先了解自己对物质价值和自我价值的认知从何而来，才能重建金钱观。为了获取安全感和归属感，我曾排斥某些情绪、想法以及部分的自我。比如，我曾认为自己不配拥有别人拥有的东西，不配拥有稳定的财务状况和卓越的理财能力，我也曾坚信要想养活自己就要受苦受累，觉得优先考虑自己而非他人很自私。现在，我必须直面这些问题，探究背后的根源，尝试理解并接纳曾经的想法，寻回被抛弃的那部分自己。

　　我曾尝试过写开放式日记、接受心理治疗以及寻求个人成长导师的帮助，这位导师的专长是帮助人们整合"阴影自我"，这些方法让我找到了自己在金钱观方面存在问题的根源。在尝试的过程中，我能清楚地看到自己身上最让我感到羞愧或害怕的东西。发现了这些弱点之后，我才能开始治疗心灵阴影，接纳并寻回完整的自己。

　　如今，当我面对负面情绪时，当下那刻是痛苦的，但我能很快向前看，并将当时的感受记录下来作为我的情绪"坐标"。现在我遇到不想做的工作已经学会了拒绝，在谈判中能够据理力争，提高收费时也不再感到内疚。如果我在花钱购买慰藉和快乐或者节省时间时感到迟疑，我会审视自己，确保这种迟疑不是因为我觉得自己不配。内化和接纳负面情绪是一段漫长的旅程，需要不懈努力。

总之，毫无保留地接受全部的自我，能够让我们获得真正的自信，这会直接影响我们对自我价值的认知。而且，由于不再盲目地认同他人对真实自我的否定，我们能够夺回自己的力量。在别人否定自己的时候能够接纳自己，就是最大的勇气。这就是接纳的力量所在。

荣格曾说，当我们完全接纳"阴影自我"时，我们就能汲取其中的智慧。恐惧可以转化为勇气，痛苦能够催生出韧性。你遇到的一切挑战，都是成长蜕变的机会。

如果你想摆脱不健康的金钱观，如果你想打破恶性循环，你就必须直面问题的根源。学着转化痛苦，疗愈创伤，接纳自己吧！正如荣格所说："潜意识如果没有进入意识，它就会主导你的生活，而你却管它叫命运。"

练习
自我探索之旅

　　探索潜意识,与"阴影自我"沟通,是一个简单而妙趣十足的过程,你可以通过写日记来完成这趟旅程。你先问问自己以下几个问题,然后认真聆听内心的声音:

- 举例说明你在童年时期目睹身边人被财务压力困扰的经历。这种经历如何影响了你的金钱观?
- 在你的家庭中,你觉得必须成为什么样的人才能被关注、被爱、被了解、被重视? 举一个你童年经历的例子。
- 在成长过程中,你的家人给你讲过什么有关金钱运作方式的故事? 有哪些关于金钱的潜藏或明示的信息?
- 举例说明你在成长过程中察觉到的对金钱负面或否定的看法。
- 举例说明你在成长过程中习得的对权力和财富负面或否定的看法。
- 举例说明你在成长过程中看到的人们对金钱感到羞耻的经历。
- 在成长过程中,你是否感到被珍视,是怎样被珍视的? 或者你是否感到不被珍视,是怎样不被珍视的?
- 你是否对金钱、财富和权力怀有欲望,而你觉得必须摒弃这些欲望,才能被家人、朋友乃至社会接受?

如何规划开支

想象在某个星期一早晨，你有满满的日程安排，对利用好这一天志在必得。你有一份待办事项清单，正在享受大笔勾去一条条事项的成就感。但你的老板可能临时召开一个会议，要不就是同事打电话来请病假，你只好着手处理一些计划之外的任务。"没关系，"你想，"还有时间。"你刚一头扎进自己的工作，就发生了紧急情况，让你不得不去"救火"。你坐在办公桌前，情绪低落地边吃午餐边继续完成任务，就在你以为自己总算可以按原先的想法支配时间的时候，一位同事要你帮忙完成两周前你协助开展的新项目。该下班了，你把所有的时间都用在了你不情愿的事情上。有时候，我们用钱的方式就像这个混乱的星期一，我们觉得自己付出的努力分散而不成系统。无论怎么计划，时间总是不够用。

当然，和时间一样，真正拥有足够的钱的一个作用就是让我们觉得自己有足够的钱，这点将在第五章探讨。不过在很大程度上，觉得自己有足够的钱也取决于我们对自己拥有、支出和储蓄的钱的感觉。对许多人而言，要改善对自己用钱方式的感觉，在于搞清楚怎样才能让自己觉得有足够的钱，也在于建立一个系统，来确保自己用钱的方式顾及了自己以后对这些行为的感觉。在讨论怎样建立一个管理支出的系统前，我们先来探索一下那种觉得钱不够的刺痛感。

我们的大脑好比一个新旧进程同时运行的杂物抽屉。其中有两个旧进程协同作用，让我们觉得自己拥有的还不够。第一个是大脑本能地环顾四周、搜寻危险的进程，这是我们过去生存必须经历的旧进程。在人类的生活更为危险、条件更为恶劣的年代，我们的生存有赖于认知稀缺事物的能力，比如食物或水。因此，我们的大脑进化成侧重于关注环境中的危险事物，而不是积极事物。

当匮乏占据了你的大脑，你关注的是自己缺少什么，同时感到压力、焦虑和恐惧。在这种压力状态下，你很难在财务或其他方面做出明智决定。这种状态让人们能够在挨饿的年代生存下来，现在却妨碍我们调用理性认知去做决定。如今，这种状态会在我们其实没有危险的时候拉响假警报。

人脑为了适应生存而形成的另一个进程是热衷于与他人比较。[1]这有它的道理，因为充分衡量竞争对手的能力会影响一个群体的生存，而在群体内将自己与他人比较则能确保我们不脱离众人，处在这个群体的安全氛围中。

今天不再有那么多真正的原因需要我们太过热衷于比较或者担心危险，但我们仍常常觉得自己在面对这些情绪。如今我们对危险的担心可能表现为担心钱的问题、害怕生病，或者对不确定的未来感到恐惧。与他人比较则表现为在社交媒体上又看到老同事的度假照片时心生不快，可能会想"她怎么花得起那么多钱去度假"，或者在一个朋友家里看见一盏漂亮的新台灯时，心想"我想成为拥有这种台灯的人"。我们也可能看到一张名人的照片，便将自己的身材与之比较。我们还可能看到一位同事刚出版了一本书，于是纳闷自己为什么不能出书。也许这些本能曾经对人类很有帮助，但在当今世界它们却可能成为绊脚石。

我们一直被驯化去消费

遗憾的是，人类为适应生存而发展的这些特点常常被利用。我在第一章里讲了爱德华·伯奈斯发明现代营销的故事，他发现可以通过利用下意识和潜意识来制造欲望。社交媒体时代的营销更甚。

社交媒体放大我们已经在进行的比较，加剧不合群的痛苦。消费主义文化让我们以为自己总能靠购物来缓解内心的不适，并且应该那么做，而不是学着接纳和转化自己的情绪。社交媒体将广告植入信息流，而这些信息流会让我们感觉糟糕。社交媒体制造问题，又在同一个信息流中提供解决方案。这是多么诡计多端啊，堪称恶魔！这种手段如此高明，堪称天才杰作，甚至让我恨不起来，但我随即意识到其中的"险恶"，而许多人都没有意识到自己的弱点被怎样利用了。

要避免我们这等"古董"大脑的弱点被利用，有两种方法：一是运用使你感到富足的工具，即梳理自己的情绪；二是引入一些系统来尽量避免受到这个掠夺性系统的伤害。

有意识地摆脱匮乏心态

放之四海而皆准的人生道理少之又少，但这绝对是其中的一条——练习感恩会让你全方位感受到生活的富足。匮乏的解决之道在于感恩，虽然这听起来像是无稽之谈，但请先听我谈谈其科学性。

练习感恩，或者仅仅是心怀感激或谢意，就能让你的整体幸福感显著提升。[2]练习感恩会重塑你的前额叶皮质，使你更容易欣赏和记住积极的经验，培养应对逆境所需的韧性。你越是常常感恩，你的神经通路就越强大。这些强大的神经通路与提升幸福感、减少抑郁以及增强韧性都有联系，也与降低血压、减少慢性疼痛、提升精力甚至延年益寿有关。懂得感恩的人往往比不会感恩的人更有自信，睡前心怀感恩的人也比那些不感恩的人睡得更好。

当我们对自己的所有之物或帮助过我们的人心存感恩时，大脑脑干就会释放多巴胺。多巴胺让我们感觉良好，产生积极的情绪，同时催生友爱等合群行为。当我们回想或写下生活中值得感恩的事物时，大脑就会释放血清素。血清素会让我们心情愉悦、充满动力、意志坚强。你越是经常练习激活这些神经通路，下次就越能不费力地激活它们。

有一个十分简单的工具可以每天使用，能让你减少匮乏感，增加富足感。你可以把这个工具想象成每天运行在身体和大脑的操作系统中的一个应用程序或进程。我建议你在开始制订支出计划前，就先尝试一下。

不妨一试：感恩心流

我的一位导师向我介绍了一个名为"感恩心流"的练习，是由菲尔·施图茨（Phil Stutz）医生和法学博士、社会工作者巴里·米歇尔斯（Barry Michels）共同开发的。这个练习最多只需要一分钟，方法如下：

- 首先闭上双眼，做几次深呼吸。我喜欢把一只手放到胸前，提醒自己能呼吸和有心跳是上天赐予所有人的礼物，这种礼物是无条件赠予的，无须我们提任何请求。这时我会进入一种状态，在其中我能找到其他值得感恩的礼物。

- 回忆一件你通常视为理所当然，但现在觉得感恩的事物。这可以简单到是支撑你身体的椅子之类的东西，但关键在于完全让自己对这件事物感恩。专注于体内感恩的感受，你可能会感到温暖、轻盈、心跳或者嘴角上扬露出微笑。请你对这种状态和力量敞开心扉。

- 专注于其他让你感恩的事物，再一次体会体内的感受，放松并进入那个状态。
- 回忆第三件值得感恩的事物，对你的身心感受进行同样的探索。

　　每次做这个练习，你都要督促自己找到一件让你感恩的新事物。以下是我过去几天做感恩心流练习的例子。

- 窗外棕榈树发出的声响。
- 看见邻居屋顶上的一群冠蓝鸦。
- 大热天冲的凉水澡。
- 气泡水给我的鼻子和喉咙带来的奇怪而独特的感受。
- 看见我在自家花园里种的一株多汁的原种番茄。
- 感到凉爽的微风拂过我的皮肤。

　　这是一个很简单又容易运用的工具，而且效果惊人。你甚至可以考虑在每周理财时间之前做这个感恩心流练习。我强烈建议你做这个练习，一天只需花上片刻，就可能极大地改善你的生活体验。如果你想对钱感觉更好，那你可以从对总体生活感觉更好开始。

　　既然现在准备好了，我们就该制订支出计划了。制订一个适合自己的支出计划需要一些新的视角、一些逆向工程以及一些有意为之的准备工作。

你需要多少钱

　　我们希望通过制订支出计划来回答这个问题：你需要多少钱？

这不是一个看待支出的常见方式。个人理财中的传统做法往往是基于预算考虑支出。预算以我们挣了多少钱为起点，再对那笔收入做出相应的分配，考虑的问题是"我能买得起什么？""我应该把钱花在什么上面？""我有没有入不敷出？"。这些都是考虑支出的常见方式，但这类方式所用的语言会激起我们的匮乏感。预算源于缺乏。

支出计划有一个很不一样的角度，是通过一种逆向工程的方法来实现想要的结果。这是对一个开放式问题的探索，这种开放性会暂时超越局限，供人想象各种可能性。这种不同的思维方式能提供不同的解决方案。问自己需要多少钱是一种很好的考虑支出的方式。与其让收入决定你的支出，不如考虑你需要多少收入来满足自己需要和想要的花销。你可能很难相信这一点，但收入并不是你只能心甘情愿被动接受的结果。你有很多途径可以用于把握收入的主动权，这将在第五章进一步探讨。现在，制订支出计划的练习将体现出这个思想。

通过思考自己的需求，你能确定怎样的薪资水平才会让你不讨厌自己的工作。答案就是支出计划的金额，它会让你了解多少报酬才会让你觉得自己是一个有合理薪资和受尊重的人。你可以计算出自己需要多少钱，再反过来算出怎样挣到这笔钱。如果你初入职场，那么支出计划可以帮你设定起薪标准。

思考自己需要什么也会开启深层次的对话，帮助你审视目前的消费状况。当你思考自己到底需要什么时，你就是在问自己那些花销对你的生活有何意义。你会反思自己重视何物，而如果这点体现在你的花钱方式上，那你就做出相应的调整。

制订支出计划的计划

在制订支出计划时，你要将支出分成三个大类来考虑。必需品归入生活必需类，非必需品归入娱乐消遣类，最后是未雨绸缪类，这个大类是你存钱要买的各种东西，包括你存入投资账户的资金。

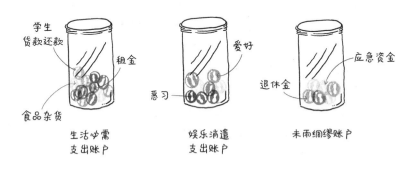

学生贷款还款

租金

食品杂货

生活必需支出账户

爱好

恶习

娱乐消遣支出账户

退休金

应急资金

未雨绸缪账户

从这三个大类去考虑支出，你会更容易弄清自己需要多少钱买必需品（生活必需类）、非必需但给生活带来乐趣的东西（娱乐消遣类）以及自己未来会需要的东西（未雨绸缪类）。这样你就能建立一个可重复的流程，确保你照顾到了基本花销，存下了收入的一部分，并有一笔钱能随意支配。

这种宽泛的分类能让你更容易理解支出。当你需要在紧要关头或危机时期减少支出时，这尤其有用，因为你能够削减非必需品的支出。至于那些还没挣够钱来满足自己所有需求的人，可以将这些类别视为要迈向的目标。

对未雨绸缪类的简要说明

未雨绸缪类不仅是一个储蓄账户，还涵盖那些你无法一次性付清、需要为将来储蓄的东西，比如退休金、应急资金、办婚礼的费用、养可爱的狗狗或宝宝（或两者都有）的费用。

我知道你在想什么："这是不是意味着我要有不止一个储蓄账户？"对的，这是我的建议。比如，你想买一辆车，需要一笔首付款，或者你想不贷款直接买下来，那就单独设置一个储蓄账户，每个月把钱存进去。有一天你可能也会有多个投资账户（希望如此）。

开设不止一个储蓄账户的目的在于，你能轻松看出自己在实现目标上的进度，而不必用心算去算出你的存款中有多少钱是应急资金，有多少钱是为了买新车，还有多少钱是为了某天降临的宝宝（或可爱的狗狗）。

至于投资，我们将在第四部分详谈。

未雨绸缪类包括各种储蓄和投资账户

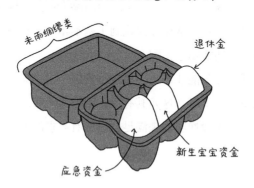

挣钱不易，管好你的钱

支出计划为何优于预算

当你着手制订支出计划时，你看起来像在做预算，因为你要回顾自己的花销并了解自己用钱的方式。支出计划与预算的区别在于执行，这一点将在下一章探讨。

用预算理财的人往往是出于必要，也就是说这些人在收入和支出上并没有多少灵活和缓冲的空间。如果这是你目前的状况，那么你可能仍然需要密切关注日常开销，不过我还是认为支出计划比传统预算优越。

传统预算相当烦琐，你要么得记录每个月的所有花销，确保在预算内，要么必须用心算来确定在扣掉房租、食品杂货和两天前临时起意吃的寿司午餐之后，还有多少钱可花。预算还要求你对非必需品的支出做过多不必要的决定。不过有了支出计划，你就建立了一个可重复的、有规则的流程，能将你的各类花销区分开来，免去做不必要决定的麻烦。当你避免了这些不必要的决定，你就减少了做出糟糕决定的可能。

传统预算会强化你在生活中的匮乏感，因为你在购买非必需品前总要先问这个问题："我买得起吗？"而如果你把要花在娱乐消遣上的钱单独存入相应的账户，你就允许自己随意地花这笔钱，问题从"我买得起吗？"变成了"我想怎么花这笔钱？"。

我个人在生活中体验到的支出计划最大的好处之一在于，它能让伴侣拥有各自的娱乐消遣账户，这使管理共同财务变得轻松许多。拥有非必需品开支的自主权，有助于减少伴侣间因各自享受金钱的方式不同而引起的摩擦。在我看来，娱乐消遣就是把钱存起来买件乐器或一些加密货币，但我爱人则宁愿把钱花在一台个人蒸脸器上。既然我们已经决定要共同理财、一起决策，那么各人对其中的一些钱有自主权是一件好事。

首先估量你的支出

在确定自己需要支出多少钱之前，你要先了解自己实际花了多少钱。查看自己过去的支出会让你更好地了解需要的金额，这能让你有一个起点和参照系。当你要做出调整时，回顾自己最近的支出状况会让你明白怎样做才是现实的。如果你即将开始一份新工作并要搬到一座新城市，想要根据未来的设想制订支出计划，那么你可以通过调查研究来估算成本。

和回顾成长经历对你的影响一样，回头审视用钱方式会让你往后在用钱的时候更有意识。如果你想要思忖一番，想要那种茅塞顿开的时刻，想要突然醒悟继而做出改变，那么回顾自己怎样用钱会让你看清很多事情。如果你感到羞耻、内疚或有任何其他的负面情绪，那就接纳它们。你可以有这些情绪，但不要忘了你从日记中发现的那个关于钱的故事，别忘了那种来自真正接受自己并负起责任的力量。

如果你发现网费和手机费用这样的固定开销在逐渐增加，那么回顾你的支出能让你关注这个事实，促使你去联系服务供应商，找到降低这些费用的办法。

收集数据

回顾以往的花销需要以银行和信用卡账单为参考来计算出你的支出和需求。回顾最近三个月的支出是个不错的做法。最近三个月的时间够近，能让你看出每个月在手机或食品杂货等方面的花销的变化范围。希望你没有每个月用11张不同的信用卡，否则这个练习会很烦人。不过如果你确实是在用这么多张信用卡，那么我相信你很快就会看到做出改变的必要。

制订你的支出计划

建议你用一支带橡皮的铅笔，因为你在读本书的过程中，可能会返回去修改。以最近三个月为基准，在每个类别中填上你预计的每月支出。

你可以基于每个月数额的上下浮动算出花销平均值。要计算平均花销，你就要将一个类别下每月的总花销相加，然后除以月数，也就是3。例如，如果你在食品杂货上分别花了350美元、415美元和397美元，那么，你每月的平均花销就是387美元［（350美元＋415美元＋397美元）÷3］。你也可以取最大值，选择在过去三个月中最大的数额。如果我们在这个例子中各月花销不变，那么取最大值的方法就是每个月分配415美元给食品杂货。

整理过去三个月数据的方法可以是手动计算，这需要计算器、笔、纸和一叠纸质对账单，你也可以使用电子表格，或者使用应用程序或任何你想用的工具。选择最适合你的工具。

我在此提一些制订支出计划的建议：

- 查看对账单时不要过分关注细节，但也不要忽略数字。
- 对自己诚实。不过，你要是开始评判自己，就试着停下来倾听自己。记住，评判就是拒绝。试着找出你拒绝自己的原因。现在应该尊重你的价值观，并向自己保证将继续尊重这些价值观。
- 试着接受自己过去的消费行为。当你感到身体变得紧张或者出现消极的想法时，放慢节奏深吸一口气，再缓缓地呼出。虽然深呼吸这样的事很简单，但它依然能有效帮你处理自己的情绪。
- 你可以用这个练习对你在生活中所能享受的一切心怀感恩。花钱本身不是恶事，负责任地享受花钱没什么不对。

- 别忘了非月度花销，你要将其作为月度花销来考虑，确保你的支出计划没有忽略它们。例如，一辆汽车的注册年费通常是120美元。你要将年度花销转化成月度花销，因为一年有12个月，所以我们用年费除以12，那么每个月的汽车注册费就是10美元。

- 考虑给自己一笔备用金来补充上下浮动的花销，比如食品杂货或公共事业费账单这些非固定的花销。备用金是让人感觉安全的成本，你选择的备用金数额取决于自己觉得舒服和能够负担的程度。对一些人而言，500美元的备用金已经足够，另一些人则可能只能从设置更小的金额开始。

- 在这里你可以尽情畅想。你如果在这些私密的书页中都不能幻想愉快的生活，那么还能在哪儿？不要害怕自己想要的东西，对你的价值观保持笃定。

- 关于要存多少钱用来未雨绸缪和投资，传统理财观点认为最好是税后收入的10%~30%。你可能觉得这是很大的一笔钱，确实是。这是理想的标准，如果你现在没有能力存这么多钱也没关系，我们会在后续的章节深入讨论储蓄。这是努力的方向，在达到这个标准之前，你要尽可能合理而负责任地存钱。

- 当你知道自己的生活会有变化时，比如开始一份新工作，或者自己的信仰和价值观发生改变，建议你重新审视支出计划。此外，一年至少重新审视一次也是个不错的做法。1月份通常是一个自然的拐点，不过你在假期的支出可能与一年中其他时候有所不同，你要留意这个细节。

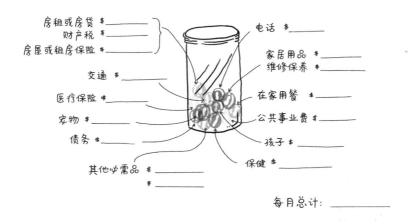

生活必需支出账户

房租或房贷 $ _____
财产税 $ _____
房屋或租房保险 $ _____

交通 $ _____

医疗保险 $ _____

宠物 $ _____

债务 $ _____

其他必需品 $ _____
$ _____

电话 $ _____

家居用品 $ _____
维修保养 $ _____

在家用餐 $ _____

公共事业费 $ _____

孩子 $ _____

保健 $ _____

每月总计：_____

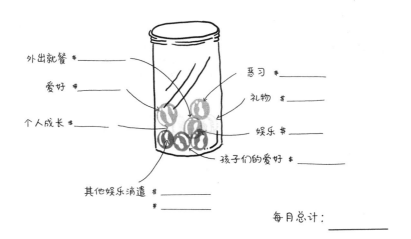

娱乐消遣支出账户

外出就餐 $ _____

爱好 $ _____

个人成长 $ _____

恶习 $ _____

礼物 $ _____

娱乐 $ _____

孩子们的爱好 $ _____

其他娱乐消遣 $ _____
$ _____

每月总计：_____

未雨绸缪账户

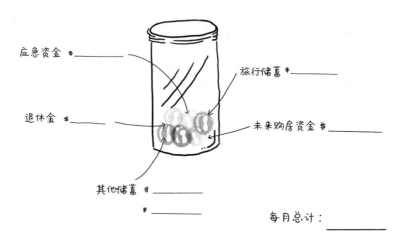

应急资金 $ _____

旅行储蓄 $ _____

退休金 $ _____

未来购房资金 $ _____

其他储蓄 $ _____

$ _____

每月总计：_____

每月支出计划

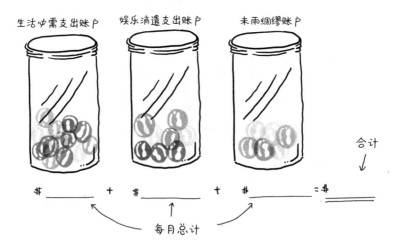

生活必需支出账户　　娱乐消遣支出账户　　未雨绸缪账户

合计
↓

$ _____ ＋ $ _____ ＋ $ _____ ＝ $ _____

每月总计

挣钱不易，管好你的钱

千防万防防自己：控制开支

现在你已经回顾了自己过去的支出，也制订了预期支出计划，下一步就是建立一套体系，帮助你把支出控制在预算内，而不需要真的去做预算。你可能怀疑是否存在这样的体系，因为之前从未找到过适合自己的方法。你这么想我很理解，因为我自己在控制开支方面，也曾遭遇一次又一次的失败。

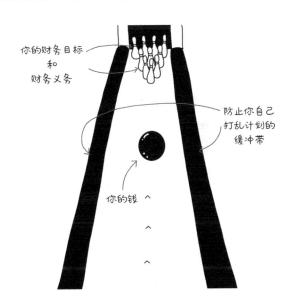

你的财务目标
和
财务义务

防止你自己
打乱计划的
缓冲带

你的钱 ^

^

^

要想将支出计划付诸实践，你需要建立一套独立账户体系来管控支出。这样做的目的是防止你自己打乱整个计划，避免因不理性的决定和消费怪癖而引起超支。这套体系的功能跟保龄球道两边的缓冲带有点儿相似。

帕可定律

我相信你一定听说过墨菲定律，用一句古老的格言来说，就是"凡是可能出错的事情一定会出错"。此外，你也许还听过帕金森定律，简单来说就是工作会自动地膨胀，占满所有可以用来工作的时间。

现在我来介绍另一个定律，不妨就称作帕可定律。

帕可定律就是"你能够支配多少钱，就会花掉多少钱"。这条定律并不一定适用于所有人，但据我观察，难以控制开支的现象相当普遍，因此应该有一条定律来描述这个问题。

怎么做才一定会过量服用止咳糖浆

用水杯喝

对着瓶口
直接喝

使用刻度
不准的量杯

用大勺喝

要理解帕可定律，你可以试试下面这个方法，虽有些古怪，但行之有效。你是否有过服用抗生素口服液、止咳糖浆等药液的经历？我想多半是有的，并且为了吃对剂量，你很可能是用药品附带的小杯吃药，而不是把药直接倒进大杯里。以此类比，帕可定律其实可以简单理解为把特定数量的东西（钱）倒入一个容器（银行账户），确保你只使用（花费）一定数量。

了解了帕可定律，你就迈出了不受其影响的第一步。那么，怎样判断自己是不是花销过多呢？我认为你要留意以下几个迹象：

- 储蓄不足收入的5%。
- 信用卡欠款没有减少。
- 信用评分低于平均水平。
- 没有应急存款。
- 从未做过预算。
- 曾因信用卡透支支付额外费用。

即使你很擅长理财，将各类消费分开也有好处。这样做不仅能帮你存下更多钱，也能帮你改变消费习惯，让钱花得更值得。

换个角度理解帕科定律

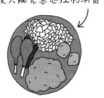

若你不对消费金额
做人为设限，
便只能凭意志控制消费

若你能建立一套限制
消费的体系，比如
设置独立的消费账户
（类似于用小碗吃饭），
就有了可依赖的方法，
不必全凭意志

039

免预算理财法：分项消费计划

分项消费计划的运作原理如下：

- 开设两个彼此独立的银行账户，一个用于生活必需支出，另一个用于娱乐消遣支出。
- 在每个账户存入需要的金额（具体做法稍后详述）。
- 将各项消费分开，只用生活必需支出账户里的存款来支付各项生活必需支出，只用娱乐消遣支出账户里的存款为各项非必需消费买单。唯有切实严格执行这一规则，整个计划才能真正发挥作用。

　　将娱乐消遣消费与其他消费分开，也就是给非必要支出设了上限。若不做切分，你就要一直记录这方面的花销，从而确保自己始终有足够的钱来支付日常生活必需品。而且，如果你以前就觉得坚持记账很难，那么之后它可能依然很难，除非方法有所改变。而我们现在讨论的办法就很好，你不妨试试看。

　　使用这个方法，我们便不必再为烦琐的记账所累，但仍然要不时查看账户余额。在每周理财时间，我们应该关注一下生活必需支出账户，确保没出现什么问题。例如，你如果留了1 000美元的备用金，就要检查一下，确保余额不低于备用金数额。如果超支了，你可以找找看哪里出现了问题。此外，在出门玩或者花钱之前，你还要看看娱乐消遣支出账户的余额。这是打理好财务最基本的做法。类比到健身领域，这样的要求大约就相当于让你"不要整天坐在沙发上"。我不是要你成为马拉松选手或者想办法实现世界和平，但你至少也得下些最基本的功夫。请你在打算为娱乐消遣花钱的时候，务必查看娱乐消遣支出账户的余额，同时在每周理财时间查看生活必需支出账户的余额。

怎样分配资金到各个账户

要将上述计划投入使用，我们就要在每次拿到工资时把工资分配到各个账户。具体来说，主要有两种做法，你可以从其中选择一种。

方案1：直接打款到多个账户

如果你能设置直接将工资打入多个银行账户，那最好不过了，因为这样你就不必担心转账的时候出问题。打个比方，你每两周发一次工资，每次拿到1 150美元（税后），老板同意将工资直接打入几个不同的账户。这时候你就可以选择自动留出150美元的退休金，然后将剩余的净工资拆开并分别打进各个账户。

- 650美元存入生活必需支出账户。
- 150美元存入娱乐消遣支出账户。
- 200美元存入应急资金储蓄账户（为了未雨绸缪）。

方案2：自己动手

另一个选择是工资到账后自己手动转到相应账户。

虽然这样做要花上不少时间，但我并不讨厌这个方法，因为这样一来，你就得定期查看自己的财务状况。而定期查看能让你感到切身参与其中。这种方法通常适合工资不固定，并且刚刚站稳脚跟的自由职业者。这也是我建议设置每周理财时间的一个重要原因。

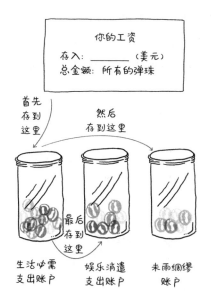

要想让这个计划走上正轨，你就需要在财务上做一些调整，具体应当如何调整则取决于你目前有多少钱。

挣钱不易，管好你的钱

确保财务正常运转的专业级秘诀

建议1：存一笔备用金

为你的生活必需支出账户准备一笔备用金是个不错的选择。我们每个月都有一堆账单需要支付，如果时间不凑巧，比如你的大部分账单都在月初到期，那么备用金会帮助你解决这个问题。备用金的金额可以是一整个月的开支，但更少的金额也可以。你可以每次存入一笔钱到你的生活必需支出账户，慢慢攒够一笔备用金，直到它能够负担得起一整个月的开支。想要更快地存好一笔备用金，有一个方法就是在1~3个月内大幅削减或完全削减你的娱乐消遣支出，但这个方法相对严苛。我不喜欢勒紧腰带，但在短期内这样做的确能发挥作用，这就像憋足劲冲刺赛跑一样。

如果你没有足够的备用金，你可能需要花些时间来确定每一笔账单的支付日期。通常情况下，你可以打电话更改支付日期。你得自己一个一个打电话，这样做很麻烦，但却是值得的，这可以让你坚信这个理财计划是行得通的。

建议2：去娱乐消遣场合不要随身携带支付生活必需支出的信用卡

如果你要外出消遣，请将你用来支付生活必需支出的信用卡留在家中，以防受其诱惑。当你喝了几杯酒，情绪高涨，想为酒吧里的每个人买单时，最好打消这种念头。记住，避开会诱使你做出错误决定的环境，你会做出更好的决定。

建议3：当心享乐跑步机

享乐跑步机，有时也称为享乐适应，这个概念是指无论发生正面还是负面的事件，你的幸福水平都没有太大变化。处于享乐跑步机上的人试图通过不断寻求快感来寻求幸福，而不是通过有意义的自我表达、认知和展现真正的潜力来寻求真正的幸福。

举个例子，一个有天赋的年轻运动员梦想成为专业的滑雪运动员，他在整个初中阶段表现出色，但高一时受了严重的伤，从此与职业比赛无缘。

当职业滑雪梦想破碎，他一开始可能会很崩溃，但随着时间的推移，他发现越野滑雪和帮助受伤的运动员也能让他感受到快乐。不久之后，成为滑雪运动员的想法就被成为运动训练师、建立家庭和享受冰雪假日的梦想所取代。从这种转变足见人类非凡的适应能力。

但也有反面的例子。想象一下，一个在贫穷家庭和工薪阶层长大的青年，年轻时梦想有一套属于自己的公寓。他觉得一套公寓足以使他感到幸福。这个人从未行差踏错，命运也眷顾他。22岁时，他完成了大学学业，找到了工作，有了属于自己的公寓。这个人是幸福的。

但两年后，他的朋友从租来的公寓搬到了租来的大房子，他自己的那套公寓突然就相形见绌了。于是他努力工作，得到晋升，终于可以租得起大房子了。起初他的确很兴奋，但又一年后，朋友买下了隔壁的房子。生活在变好，但是对于他来说，快乐也变得昂贵起来。

成长和改进本身并没有什么错。设定目标，实现目标，然后设定更高的目标，这也没有错。但是，如果你不清楚自己的动机，甚至对于自己已经踏上了享乐跑步机这件事毫无察觉，持续驱动自己前进反而会适得其反。

　　如果我们认定自身的幸福和快乐只能来自外部，我们就会被困在享乐跑步机上。无论我们赚多少钱，拥有多少权力和多高地位，我们都永远不会对已经拥有的东西感到满足。唐纳德·特朗普就是个典型的例子。即使成为美国总统，他仍然不满足于自身的权力和地位。不管他有多少钱，他都不会觉得自己的钱已经足够多。当然，这个例子比较极端。

　　只有当你先认识到自己正处在享乐跑步机上时，你才会觉得减少开支的感觉不错。我们之所以会处在享乐跑步机上，是因为我们错误地认为，满足欲望会带来积极的情绪，例如幸福和快乐。这就是消费主义的陷阱。虽然你购买的一些东西可能会让你感觉更好，但从长远来看，其实很多情况下并不会如此。

　　与享乐跑步机相对的是有效幸福法则，它包括六个方面：（1）认识自我；（2）看到自己的潜力；（3）理解生活的目标和意义；（4）为追求卓越付出巨大努力；（5）积极参与各种活动；（6）将参与活动看作自我表达的途径，并享受其中。我之所以推荐你选择这种方法，是因为它可以根据个人情况进行调整，而不是"一刀切"。[1]虽然这比听信社交媒体上的广告去买些鸡肋的东西要麻烦得多，但身处消费至上的社会，如果想要获得长期的幸福，这种做法才能从根本上解决问题。而有效幸福法则中的第一点"认识自我"，正是我在书中反复提及和推崇的内容。所以此刻你已经开始量身定制你自己的有效幸福法则，踏上通往幸福美满的道路了。

有两种非常实用的方法可以帮助你提高对享乐跑步机的警惕心。第一种方法是暂时走下这个跑步机，在一段时间内不再购买非必需品。你可以先试试坚持30天，如果你觉得自己特别有拼劲，甚至可以坚持几个月，乃至一年。

第二种方法是继续赖在这台跑步机上，同时列一张非必需品购买清单。在这张清单上，你想买什么就写什么，丝毫不用顾忌。你可以搜罗一切想买的东西，并做好记录，把这张清单打造成你满意的样子。而且，你如果突然又想到要买什么，随时都可以列入这个清单。但是你需要给自己设置一段等待时间，规定自己多久之后才能购买清单上的物品，比如24小时或几个月。无论时间长短，只要试着开始等待，你就会慢慢习惯延迟满足。

建议4：培养全球视野

大家可以参考世界银行的统计数据来了解一下世界各地人民的经济状况。

2017年，全球日均生活费不足3.2美元的人口约占24.1%，不足5.5美元的人口约占43.6%。即使当年的全球极端贫困人口数量有所下降，但仍然有6.89亿人口每天仅靠1.9美元生活，也就是说，他们一年的生活费不足700美元。[2]而且在新冠肺炎疫情的影响下，极端贫困人口可能还会增加。在我写本书的时候，全球约有10%的人口身处极端贫困之中。

我们很难完全公平地比较世界各地人民的生活水平，毕竟各国的情况有所不同，例如美国的生活水平标准会比其他国家更高，但这些数据足以表明世界各地的经济水平差距有多大。

建议5：不要在毫无技术含量的事情上失败

不同于扣篮或运球，这种个人财务管理方法并没有什么技术含量，你只需要花费时间和精力，制订并实施相应的计划，然后多费些心力坚持下去。你没可能一个也完成不了。一般来说，在毫无技术含量的事情上失败挺让人瞧不起的。努力是人为可控的，你甚至可以将它变为一种习惯；但技巧需要穷极一生去练习，需要耐心和时间，以及成倍地付出努力。坚持将个人支出分类只需要花费精力而已，怎么可能做不到？

练习

控制支出

- 将生活必需支出与娱乐消遣支出分开，建立不同的银行账户。

- 选择一种存钱方式：自动将收入存进不同的账户，或者自己手动转账。

- 配合工资发放时间，调整信用卡还款日期。

- 做好规划，在生活必需支出账户上预留相当于一个月工资的备用金。

- 尝试定期进行感恩心流练习或其他类似的感恩练习，看看这样做的付出与回报如何。

第四章

你一生的追求是什么：拆分目标

1月初的某一天，我和朋友在家附近散步，享受洛杉矶难得的凉爽。途中，朋友问我今年有什么目标。

我答道："我今年的目标就是没有目标。"这不是说我今年没有想实现的事情，也不是说我想放任自流，放弃掌控自己的生活。恰恰相反，在过去几年里，我发现真正能获得成功的方法还挺矛盾的。我们不应该把目标视为一个明确的终点，而是应该将实现目标的流程或步骤拆分成一个个小目标，化整为零、循序渐进。比如，我们不需要设立存到 10 000 美元的大目标，而要一直坚持将每笔收入的20%存起来。在逐步实现这些小目标的时候，我发现自己已经超越了最初的预期。我认为目标应该是起点，而非终点。别怪我老生常谈，因为我推荐的方法都更加重视享受过程，而不是一味地追求结果。如此一来，取得进步便会带来更大的成就感，也就更易于坚持。

我并不反对设定理财目标，我反对的是将不断追逐、达成目标作为唯一的理财方式。设定目标通常只是一种粗糙而生硬的手段，它忽视了日新月异的现代社会中的诸多细节和变化。并且，由于种种因素，我们所设立的目标可能会变得难以完成，让我们望而却步。要达成目标，最重要的是用目标引导、改变自己的行为，直面恐惧，采取行动，应对超出我们控制的情况。但即便我们成功地改变了可控的部分，即我们自身，也仍然会受制于外部环境的影响，比如全球的新冠肺炎疫情和让人郁闷的股价暴跌。

不难理解为什么人们对"目标"一词如此痴迷——它承载着人们的抱负和野心，充满吸引力。目标总会让人满怀希望、积极向上，并且为迷茫的人指明方向。人们也热衷于在社交媒体上秀出自己已经达成的目标，因为这是获得关注和认可的机会。在口语中，"目标"一词也常被用来赞美他人。

但盲目地关注结果就会显得太过狭隘与死板。人们会因此变得不知变通，陷在单一的视角里，看不到其他可能性。该方法的局限在于，只要偏离既定路线或目标就算失败。相信大家也都尝过没有达成预期目标的失败滋味。失败似乎已经成为设立目标后的必经之路，而非一种漏洞。一旦我们开始这样看待目标，就应当扪心自问：设立目标是否真的有利于我做成有意义的事？

一直以来，我深受自己定下的目标所害。我一直在做一份让我很痛苦且薪水不高的工作，因为我认为只有做到一定的职位，才能领更高的薪水，除此之外没有别的路可选。我固守着令我不堪重负的工作目标，几个月甚至几年都不敢朝前迈步，因为我不想偏离目标，朝着错误方向前进。而现在我确信"条条大路通罗马"，我要做的就是启程。有时候，不迈出第一步就不知道最终的目的地在哪儿，就算这步走错了，又有什么关系呢？

设定目标是了解自身欲望的起点

为了改变结果而选择采用一种全新的方法，并不意味着以往设立目标的方法就一无是处。好比你正在做书架，需要从一块木头上取下一颗螺丝，但你手边没有合适的工具，只有一把锤子。这时你并不会扔掉锤子，因为它只是现在用不上而已，但以后会有用处。你多半会去找把螺丝刀来取螺丝，并把两种工具都留下，因为它们都有用，只是用处不同罢了。

财务目标也是如此，它就好像是一把有用的锤子，工具箱里备一把肯定没错，但它不会成为改善生活的唯一工具。如果你能够好好审视自己定下的目标，你就会发现它为什么重要：它能揭示你真实的欲望或恐惧。通过这样的自我发现，你渐渐就能明白该如何摆脱恐惧、满足欲望——也许通往幸福美满的道路会自然而然地出现在你面前。

但讽刺的是，努力实现目标的唯一方法是放下对目标的依赖，学会享受和爱上实现目标的过程，并且这也是我们唯一可控和力所能及的事情。

我的很多财务目标都没能实现。创业的头几年，我有无数个收入目标，但都没能达成。就这样年复一年，存款还是没有达到我的预期。有一段时间，我还野心勃勃地想着要尽快还清信用卡。

最终，我不再执着于结果，而是专注于过程和方法，并实现了目标。我学习了麦克·米卡洛维兹（Mike Michalowicz）的《利益第一》一书中介绍的会计流程，并应用于我的工作过程。12个月后，我的收入增长了136%。我决定从每笔收入中分出一部分存起来，很快我的存款就远远超过了预期。把生活必需支出和娱乐消遣支出分开之后，我才发现我竟然可以少花这么多钱！

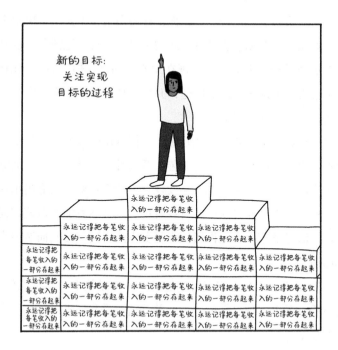

新的目标：
关注实现
目标的过程

永远记得把每笔收入的一部分存起来

永远记得把每笔收入的一部分存起来 永远记得把每笔收入的一部分存起来 永远记得把每笔收入的一部分存起来

永远记得把每笔收入的一部分存起来 永远记得把每笔收入的一部分存起来 永远记得把每笔收入的一部分存起来 永远记得把每笔收入的一部分存起来 永远记得把每笔收入的一部分存起来

永远记得把每笔收入的一部分存起来 永远记得把每笔收入的一部分存起来 永远记得把每笔收入的一部分存起来 永远记得把每笔收入的一部分存起来 永远记得把每笔收入的一部分存起来

永远记得把每笔收入的一部分存起来 永远记得把每笔收入的一部分存起来 永远记得把每笔收入的一部分存起来 永远记得把每笔收入的一部分存起来 永远记得把每笔收入的一部分存起来

将最终目标拆分为一个个步骤

现在的我遇到任何事情，都不会囿于目标本身，而是基于这个目标，分解达成目标的步骤，将注意力转移到这些步骤上，并设法将它们连接起来，形成完整的过程。这样一来，无论是否达到了目标，我都从这个过程中收获了更多。专注于自己的行为，就会抛开评价结果的规则。规则越少，获得成功的方法就越多。知道了有很多种成功的方法，我在当下就更能感受到平静和喜悦，就算受到不可抗力的影响，我也不会感到失望。

挣钱不易，管好你的钱

如果理财计划失败，就去找原因

在管理财务的过程中，如果能制订相应计划，那么即使没有实现目标，你也不会将失败完全归咎于自己。计划本应完全按照预期运行，但事情发展有时不能尽如人意，这就是在向你发出信号——你要重新审视你的计划了。

比如，你的理财计划是将25%的流入资金存起来，但执行一段时间之后，你依然觉得与存够应急存款相差甚远。

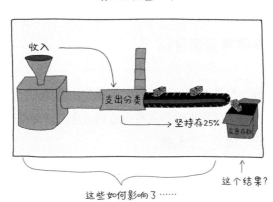

如果计划没能产生预期结果，
请仔细检查一下

收入

支出分类

坚持存25%

应急存款

这些如何影响了……

这个结果？

这时先不要沮丧，你可以仔细审视自己的计划，试着问自己一些问题。比如，是什么影响了结果？是要提高存款比例还是想办法挣更多的钱？抑或需要两者同时进行？你如果认为挣更多的钱能帮你改进计划，那应该采取什么系统性的方法？

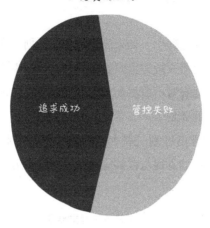

如何实现目标

追求成功　管控失败

通过管控失败来实现目标

关于目标，与其关注如何达成，不如关注怎样失败。通过分析怎样失败，你可以倒推出避免这些失败的方法。前文讲到的设立不同的支出账户，就是一个范例。

坚持的力量

坚持的力量很强大，但也常常被低估。其实我们随时随地都能看到它的影响。海边的悬崖之所以能形成，是因为海浪在日复一日地侵蚀岩石。健康的牙齿得益于坚持刷牙或使用牙线，而不在于刷牙的力度。假如我多年没有刷牙或使用牙线，那我就算在看牙医之前刷一整天的牙也无济于事。一些公司能吸引到顾客，正是因为坚持投放广告，比如，我都不记得有多少次我就是因为被某个公司的

挣钱不易，管好你的钱

广告狂轰滥炸，最终成了它的顾客。坚持与否也会影响财务状况。持续的收入不足会导致负债，而坚持股票投资则是一个长久的生财之道。坚持很无聊，但却能助力你追求卓越。

动力源于坚持。随着时间的推移，通过坚持而获得的成果会不断累积下来，弥补理财手段的不足。在这个过程中形成的习惯也会改变你的自我认同感。如果你坚持存钱，即使每次只存一点儿，渐渐地你也会认为自己是个习惯存钱的人；但如果你只是在某个时刻一次性存下很多钱，你就不太可能会产生这种认同感。而为了避免自我认知受到挑战，身份认同会驱使你保持言行始终如一。

先不论是否能实现目标，如果你能制订计划，认真执行一段时间，形成习惯，你就会发现在坚持过程中持续取得进步比简单地达成目标更有成就感。

练习
把个人理财目标分解成行动

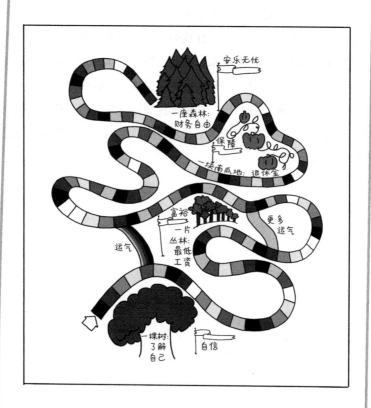

以下几个问题能帮助你更好地了解在实现目标之前应怎样行动。不管你现在想实现什么目标，在开始行动之前先问问自己这几个问题。

挣钱不易，管好你的钱

- 你的目标是什么？（现在选一个）

- 从理财角度描述这个目标。比如，要实现这个目标，需要花费多少钱，怎样安排时间？

- 通过实现目标，你想感受到或者不想感受到什么？或者说，你设定这个目标的原因是什么？

- 这些感受与你的价值观和自我认同有什么联系？

- 有哪些行动可以帮助你实现目标？

- 你现在能采取哪些行动？如何把这些行动转化为计划？这个计划的细节是什么？

- 你认为这些行动会给你带来怎样的感受？这些感受是否与你理想的消费方式和生活方式相契合，是否符合你的价值观和自我认同？

- 回顾一下你的支出计划。你能根据这个目标对支出计划做出相应修改吗？如果现在的支出计划无法帮助你实现这个目标，你可以拆分目标，确定要采取哪些行动才能实现它。

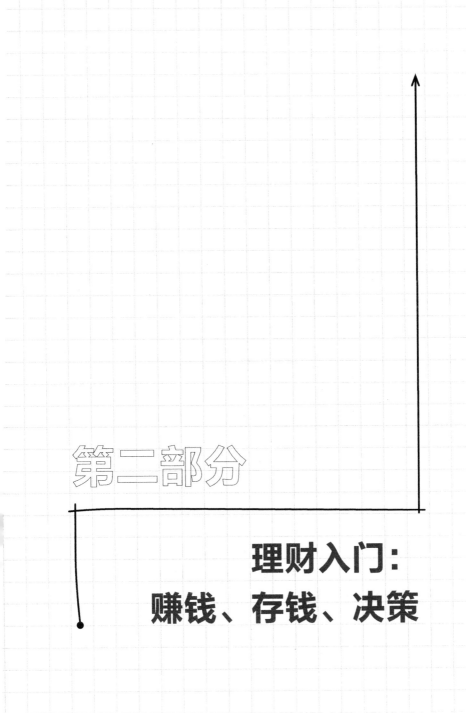

第二部分

理财入门：
赚钱、存钱、决策

赚钱、存钱、决策是无敌理财金字塔的基本模块。掌握这些基本模块的相关技能至关重要，因为它们是高阶模块的基础。

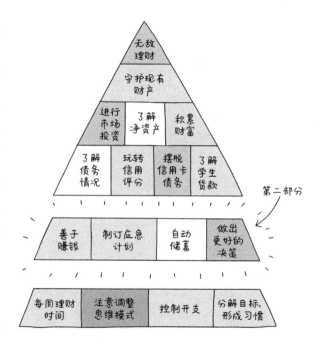

在第二部分，我们将探讨为什么要善于赚钱以及不同的赚钱方法。我们也会讨论如何存钱，先思考存钱过程中面临的痛苦和问题，再提出解决方法。然后，我们将深入研究理财决策的重要性，并学习如何改进。

善于赚钱

我是个一文不名的理财规划师，或者说是个菜鸟理财规划师。一文不名其实是个相对概念。但一个住在大城市，本职工作是给富人提供咨询服务的人，自己却没有积累任何财富，这本身就不合常理。我每年可以赚36 000美元的基本工资，而我的日常工作是帮助那些收入至少是我10倍的人把他们的收入变成更多财富。

我一开始是做助理的，或许是因为这一点，公司付给我的薪水低于行业标准。不过我当时也从未真正考虑过收入问题，可以说我那时以为薪水会自然而然地提高，问题会顺理成章地解决——就像前几代人的经历一样。我并没有去质疑发生的一切，我身边的人也都没有。在我的成长过程中，和周围的人一起聊天时，收入并不是会被放到台面上谈论的话题。

直到意识到这些年我的收入实际上是在减少，我才开始关注理财。我的爱人想创办一家从事室内设计和庆典设计的公司。为了实现这一目标，短时间内她需要放弃稳定的收入。即使有一些积蓄，但一想到要靠一份微薄的收入在大城市生活下去，我们就感到害怕。

为了降低生活成本，我几乎每天都骑车上班。通勤单程长达

7.5千米，我靠骑车每周节省下了40美元的汽油费，这对我的心理健康和身体健康都大有裨益。唯一的缺点是，在高峰时段骑车必须忍受尾气排放和交通拥堵。我还开辟了一个菜园，以减少食物方面的开销。我用小苏打和水代替超市的洗发水，并且不放过工作中每一个可以享用免费食物的机会。我的兴趣爱好也都是低成本的。我喜欢骑自行车和玩音乐，在二手网站上很容易就能找到几乎全新的设备，有了设备之后，这两样爱好也不需要花费什么钱。我已经很节俭了，但还不够。

起初，这样的生活还可以，但我们存不下多少钱，因为储蓄也成了赚钱的一种方式。这种生活方式让人心里不安。万一哪天我发生一场严重的自行车事故呢？这就足以改变我的人生轨迹。我心想：如果我更耐心和勤奋一点儿，那么终有一天我可以赚到足够多的钱，让自己有安全感。但还没等到这天，在一个机缘巧合的日子里，我突然改变了这个观点，我无法继续容忍自己花了这么多时间却只赚了这么点儿钱。

事情的缘起是这样的：我的老板让我帮他做簿记，因此我可以知道他做生意赚了多少钱。我还知道他每个月拿多少钱：23 000美元。当时尽管知道了这个数字，但我还是对一些事情感到好奇，即我想知道他一个月的收入与我一年的收入相比是多少。我算了一下，他一个月的收入占我一年收入的64%，两个月就赚到了我年薪的128%。如果我们换个角度来看，他每赚1美元，我就只能赚大概13美分。这听起来很夸张，但并不鲜见。

美国经济政策研究所的数据显示，2019年首席执行官与员工的平均薪酬比为248∶1。

那一刻，赤裸裸的对比让我五味杂陈。我为自己的落后感到羞愧，也觉得自己很愚蠢，我居然曾为这么微薄的报酬感激万分。我并不是说我应该得到和老板一样多的报酬。我那时还很年轻，没什么经验。另外，他的报酬大多来自佣金，我要想拿，得先签下自己的客户才行。但这些数字就摆在我面前，让我不禁怀疑起一路走来做过的选择。这些数字让我意识到，我每周靠骑车省下的40美元，不是为我自己省的，而是为我老板省的，是我自己没有去争取加薪。我意识到我一直在逆来顺受，然后我的脑海中涌现出了各种问题。

我是怎么做到帮助客户进行薪酬谈判，却从未想过给自己谈判呢？是不是因为社会认定我的价值不高，我就害怕别人也这样告诉我？我是不是只有通过别人的认可，才能认识到自己的价值？为什么我默认别人可以决定我赚多少钱？

我的疑问一发不可收拾：我在与客户打交道时学到的知识，有多少可以应用于像我这样财务状况不稳定、没什么特权的人？我是如何陷入这种困境的？我自己在当中扮演了什么角色？我知道没有绝对的公平可言，但在一个不平等的社会中，我可以做些什么来尽量获取自由？

为什么我对自己的工作既感激又怨恨？为什么我们大多数人选择走这条赚钱的途径？为什么我有金融和经济学学位，但个人经济状况却如此糟糕？我能选择什么？我该怎样发挥自己的能动性？

这一天在我脑海中挥之不去，因为在这一天我终于意识到问题不在于支出，而在于收入。我需要赚得更多，而不是花得更少。如果我不弄清楚这个问题，我就很难在"无敌理财金字塔"上向上爬。不仅如此，我还意识到没有人能够拯救我，也没有人能够帮助我想出解决办法。没有人会鼓励我说："你这个棕色皮肤的矮个儿女人，今天突然比昨天更有价值了。"我当初选择支持我爱人创业，又选择在生活成本较高的城市里生活，这在一定程度上让自己陷入困境，因此我意识到解决这个问题的人只能是我自己。

你不可能靠省钱解决薪酬低的问题，也不可能靠努力赚钱解决花销大的问题

接下来，我要介绍个人理财等式。这个等式非常简单，一目了然。收入必须等于支出加上储蓄（和投资），或者说储蓄必须等于收入减去支出，又或者说支出必须等于收入减去储蓄。这都是同一个等式。

我相信每个人都会同意，让这个等式两边的数值相等是实现健康财务状况的前提。但是怎样让两边的数值相等呢？每个人的意见和想法都不同，而绝大多数人认为应该重点关注支出。

个人理财等式

收入 = 支出 + 储蓄（+ 投资）

我能理解为什么人们往往更重视减少支出而不是增加收入。因为支出可控，不管是立即取消订阅还是决定今天不消费，控制支出都立竿见影。

但这种想法存在致命缺陷。支出再怎么减少，总归有个下限，

而当物价上涨时，仍需增加收入。所以，隔段时间就争取加薪对维持收支平衡至关重要。

如果我们倾向于减少支出而不是努力增加收入，就会陷入匮乏心态，认为世间资源有限，并不富足。这将禁锢思想，让我们以为收入是固定的，薪水由他人规定、无法控制。我们必须挣脱思维定式，进而寻求更多可能性：坚决地要求加薪、换一份薪水更高的工作或者自主创业。

我要讲明一点，想要探寻如何实现收支平衡和长期维持较高的生活质量，进而缩小日益扩大的不平等差距，仅靠个人力量绝非长远之计。要想缩小日益扩大的不平等差距，从长远来看，很可能需要一系列政策变革，凝聚各方劳动者的力量，并就各种形式的经济不平等问题开展全国性讨论，包括由种族和性别造成的不平等问题。我们需要建立强大的工人联合会或工会组织，更好地发挥集体力量，让劳动者有能力跟雇主讨价还价。建立组织很有必要，但由于我并不了解这方面，因此我没有发言权。劳动者需要组织起来，同时，政府应该推广全民基本收入制度，进而缩小收入差距和贫富差距。当然，这值得我们奋斗，我们也应为之努力，但政策这一层面的变革需要时间才能得以实施并看到成效。在推进这一层面变革的同时，我们也可以在自己的控制圈里发挥主观能动性，努力提高收入。本章将探讨一些想法和概念，帮助你武装头脑、提高赚钱能力。

赚钱，知易行难

赚钱这个概念可以理解为，从你工作成果中受益的个人或组织有多看重你的价值。理想状况下，价值的创造者（劳动者）和价值的受益者（客户和雇主）会就价值的价格达成一致。当然，现实并不总是这么完美。

通常，你工作所创造的价值会给很多人带来有形或无形的益处。这种辐射效应在一个大型组织中尤为明显。你的工作对整个组织都会产生影响，包括老板、同事以及你的下属。或许你会使用新款软件来提升团队效率，帮公司削减开支并赚更多的钱，从而产生可量化的效益。你也可以鼓励员工保持心情愉悦，这种无形的价值会提高士气、振奋精神。或者，为了追求卓越，你制定了一个较高的目标，这促使周围每个人都冲着这个目标努力。

你的贡献也体现在为公司客户或用户创造的价值上，例如接纳客户的意见并加以改进，让客户体验到可量化或不可量化的提升。

当你真正理解自己为这些受益者创造了多少价值，并站在他们的角度审视自己的价值时，你就可以逐渐理解自己的贡献是如何转化为相应的报酬的。

另一个需要考虑的重要方面是，你能否有效展示和宣扬自己创造的价值。你能解释为什么你创造的价值与你心中的理想薪酬相符吗？公司会利用推销话术来宣传其产品物有所值，员工同样可以用这套话术来跟公司谈薪酬。

如果你认为自己的价值与雇主认为你带来的价值不匹配，那么挑战就来了。如果你做出的贡献与预期薪水相差甚远，你就会陷入矛盾。你的矛盾心理可能和我一样，即感觉糟透了，因为自己为公司和老板创造了巨大价值，理应获得更多报酬。

但至关重要的问题是：如何让意见不同的双方达成一致？我在那家理财规划公司工作时没考虑这个问题，但等到自己创业时，我不得不花时间梳理一些简单的价值问题：我是如何创造价值的？我有哪些其他人看重的技能？哪些人总是向我求助？他们到底看重我什么？为什么看重这些？人们会为我的技能和创造买单吗？哪类人会认同我对自己价值的预估？

由于工作场所各不相同，有时双方确实无法就价值达成一致。在工人被剥削的工厂里，受制于工厂的制度设计，工人只能创造些许价值，没有另外创造价值的空间，也就不可能得到更高薪酬。想象一下亚马逊仓库的流水线，工人只能做重复性工作——将物品装箱。这里的工人要想增加自己的价值，别无他法，只能更快地工作。有些工作场所的制度设计阻碍了员工自主提高价值，在此环境下，人们对价值的理解很死板，工人的薪酬一成不变，企业文化也很僵化。但并非所有工作场所都是这样，有些雇主将员工视为一种投资，深知雇员和雇主之间是互利共赢的关系。

赚钱不过是一系列流程

我们能赚钱，是因为我们所效力的公司在出售流程，或者我们自己作为自由职业者在出售流程。从流程视角看商业彻底改变了我对赚钱的看法，也改变了我对自己与工作的关系的看法，可以说令我耳目一新。

无论卖家是谁，或者售卖何种商品，归根结底出售的都是流程。我们购买的产品则是流程的最终产物。例如，可口可乐公司就有一套可重复的苏打水生产流程，可乐的装瓶、分销和营销也都有相应的流程。

同样，使用打车软件也是为技术流程买单，这个流程让你方便地搭乘陌生人的车到达目的地，且不用付现金，线上支付即可。

陶艺师、治疗师和营销机构提供的服务也都可以归结为一系列流程。陶艺师按步骤制作陶器；所有艺术家都是按流程创造艺术品的。总而言之，你购买的陶罐、治疗课程、品牌服务或者可乐，都是一系列流程的最终产物。

你为一家公司工作，就成为公司出售的某个流程的一部分。如果你是自由职业者，当自己的老板，那么你也可以想想你的工作包含哪些流程，这些流程又是怎样串联、交织在一起的。

以这种角度思考赚钱让我耳目一新：我终于能把自己同工作分离开来。或许你没有这个烦恼，又或许你并不需要通过工作来包装自己。但我认为，我们大多数人都与工作有着千丝万缕的联系，我们为工作付出很多，同时工作是我们维持生计的手段。

业务流程
（赚钱涉及的所有流程 *）

* 各流程间可能存在差异

不过，并不是每个人都只想借工作达成目的；还有很多人认为工作强化了自己的身份认同，塑造了自己的性格，体现着自身的地位与阶级。询问别人"你做什么工作"，听起来平平常常，没有什么恶意；但如果问"你拿什么养活自己"，别人就会觉得这个问题非常古怪。

工作让我们觉得未来有保障。即便知道这种安全感是假象，我们还是愿意相信我们的工作、我们的生计是有保障的。地球如一叶扁舟穿梭在危机四伏的时空中，在其中生活的人们不免心生恐惧。我们如果可以认识到这种恐惧是如何影响我们的，就能更清楚该怎样度过职业生涯，以及选择什么样的工作。我们应该在赚钱之余寻求成就感，把赚钱看作现代生活必备的技能、一系列流程或者一场试验。

你持有怎样的赚钱观

如果我能给你一个秘诀，保证你可以赚到足够的钱去实现梦想，那么我必定尽己所能、知无不言。我会把这个秘诀塞进瓶子里卖掉，而后一路大笑着去银行取钱。但是我当然没有这样的秘诀，因为怎么赚钱这个问题本就没有放之四海而皆准的答案。每个人都独一无二，大家各有所长，你乐在其中、从不厌倦的事可能恰恰是别人痛苦的来源。

我认为要想精于赚钱之道，首先就要剖析自己的赚钱观，这一点非常重要。你的观念定义了你眼中的世界运转法则。赚钱诀窍之所以难以寻觅，可能是因为你自己将它拒之门外。唯有先改变观念，你才能看到属于自己的正确答案。

下面我会列举一些十分常见的观念，聊聊为什么这些观念会妨碍你赚钱。

690

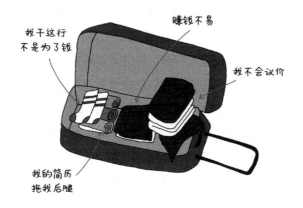

拆解你的赚钱观

我干这行
不是为了钱

赚钱不易

我不会议价

我的简历
拖我后腿

- "我不该拿兴趣赚钱。"若这么想，你可能会错过用自己手到擒来的本领轻松赚钱的机会。实际上，如果你喜欢一项工作，身边往往会自然而然聚集一群同样对这项工作抱有热忱的人，你自己也很可能会因为热爱而继续在业内发展。仅这两点就能带来很多机遇，而你如果不从事自己热爱的职业，就永远不会知道有这些机遇。

- "名校毕业生才能拿高薪。"如果抱着这种观念，那么你可能永远不会开拓进取、挑战自我，而挑战本身就能带来回报。面对挑战，你可能会因为觉得自己技不如人而错失良机。

- "务实才能稳稳赚钱。"如今实用的东西在未来不一定有价值。把务实当信条，你便会陷入不切实际的安全感。在这种错觉的牵引下，你或许会留恋夕阳产业的余晖，或者固守一份薪酬微薄的工作，仅仅是因为这样做看起来比做出改变、冒险打破传统（比如利用互联网赚钱）实际得多。

■ "赚钱很辛苦。"若这么想，你就看不到那些可以轻松赚钱的机遇。你的内心可能会产生矛盾，感到左右为难。习惯了辛辛苦苦赚钱，遇到能轻松赚钱的投资项目或者业务，你反而会犹豫不前。

深挖你的赚钱观可能会让你觉得很不自在。潜意识里，你大概并不想直面自己的赚钱观，因为你知道这些观念一旦见到了光，就不会再回到黑暗中。但跳出自己的舒适圈并迈出这一步很有必要，这不仅对你的生活意义非凡，能使你终身受益，还有更加深远的影响。想想看，如果有更多人花费时间和精力剖析自己的赚钱观，又会是怎样的景象呢？

通过第一章的练习，你可能已经对自己的赚钱观有了一些了解。而本章末尾的练习会帮助你更深入地探索自己的观念。不过在那之前，我还想分享一点儿关于赚钱的想法。

赚钱就像一场试验

每个人的赚钱之路看起来都不一样。有些人靠自己的专业赚钱，但这条路不一定适合每个人。其他人可能会学一门手艺或随便找份自由职业。

我曾经认为找一份工作是赚钱的唯一方法，直到后来我遇到了一些创业人士。仅仅凭借一份融资演讲稿和一些电子表格，他们就能筹集到数百万美元来实现创业梦。他们凭空创造了自己的工作，并说服了投资者投资。我也与在线上销售新奇服装和产品的客户合作过，他们月入上万不在话下。我还遇到过一些客户，他们住在生活成本比美国低很多的国家，因此以美元结算的薪水能让他们省下不少钱，少干点儿活也能养活自己。

我有一些朋友通过观察并纠正表演者在镜头前的肢体动作来赚钱。我也认识一些艺术家、诗人和音乐家，他们用自己独特的声音或视角来叙述人生体验，这样也能赚钱。我还与一些电影制作人合作，他们为企业制作宣传片，帮助企业卖出更多的鞋子、连帽衫等各种产品。有些孩子整天打电子游戏或上传玩具开箱视频也能赚钱，他们的父母一定会感到难以置信。我自己每年会支付数千美元的费用成为线上社群的一员。社群曾是我确信永远无法变现的东西，但我又错了，我甚至愿意为此付钱。

我所有的密友几乎都是企业家或艺术家，他们以自由职业者的方式生活，背景各不相同，其中有些人相当成功。我的日常工作是经营一家簿记机构，但我也可以通过写理财书、帮助人们进行理财规划来赚钱。我以前从来没想过这是我能胜任的工作，更谈不上借此赚钱。我的整个职业生涯和你手中的这本书都是我多年来进行赚钱试验的思想结晶。

爱德华·伯奈斯可真是开了个"好"头。人们不再仅仅因为真的需要而购物，还因为想要而购物。人们有时为了接近某些社群团体并获得该团体的特权而付费。无论是好是坏，我们都可以通过社群和互联网来赚钱。以前我们认为无法变现的东西，比如人们的关注或独一无二的数字艺术作品，现在都可以用来赚钱。社交媒体公司哄骗了全球数十亿用户去使用"免费"的应用程序，人们在平台上发布内容，实际上是在为平台免费打工，这简直太疯狂了。这个看待事物的角度令人恐惧又惊奇，但它确确实实发生了，也让人们实实在在赚到了钱。我并不是建议你开一家社交媒体公司或成为一名网红。我的意思是有很多我们没见过或没试过的赚钱方法，但首先要以开放的态度接纳它们。

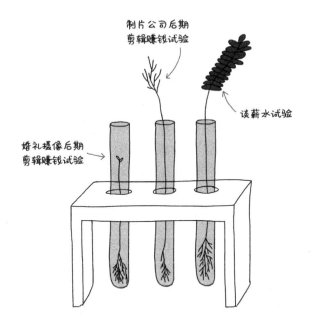

制片公司后期
剪辑赚钱试验

谈薪水试验

婚礼摄像后期
剪辑赚钱试验

　　随着技术的进步，选择只会越来越多。世界在不断变化，支持个人创作者的技术才刚刚开始真正改变人们的谋生方式。正如必须先有电吉他，"吉他之神"吉米·亨德里克斯（Jimi Hendrix）才能用电吉他改变世界一样，互联网和随之而来的技术进步将为人们创造前所未有的谋生方式。如此可怕，如此奇妙，却又如此真实。

　　与认知革命、农业革命和科学革命一样，互联网技术已永久改变了人类的生活。前进是唯一的出路。这就是为什么在这一历史时刻，我无法就如何变得善于赚钱给出条条框框的建议。我才活了小半辈子，就见证了如此多的变化，这既令人兴奋又令人困惑。但是，一旦我们冲破过时的观念，就能打开视野，看清事物的实际情况，并对即将发生的改变有所预期。有的人可能并不喜欢如此多样的道路或方法，但我认为这仅仅意味着有更多获得成功的方式。

我希望上述内容可以帮助你认识到，变得善于赚钱就像进行一场试验。你要观察这个世界中关于价值的数据，审视其他人的赚钱过程，试图厘清个人价值与赚钱多寡之间的关系。你要重新审视自己的信念和设想，并由此思考哪些才是真正有效的。

　　谈薪水是一场试验，创业也是一场试验，其中还包含了许许多多的小试验。进行这些试验就像磨炼一项新技能，好比有时你会尝试用不同的温度或方法来烤鸡，或者用一种新方法来缝好纽扣。条条大路通罗马，只有你可以决定哪条路适合自己。

不妨一试：一念之转

　　出于很多原因，这可能是读起来较为艰涩的一章。反思工资如何代表个人价值可能会让你产生消极的想法和感受，尤其是当你的工资明显表明你的价值被低估时。如前几章所述，负面情绪本身并没有什么问题。它们不仅是人生体验的天然组成部分，甚至还对我们有所裨益。消极想法提供了一个机会，让我们怀疑并检查这些想法的真实性，这样可以帮助我们摒弃其他人强加给我们的信念。

　　我们可以开始审视并打消那些悄无声息就成为信念的消极想法。比如，我曾经认为，"像我这样的人会一直挣扎在理财的泥潭中""作为一个受到排挤和压迫的人，我永远无法获得自己应得的东西""我不够好""我不可能赚到更多的钱"……这些消极想法无处不在，我也曾深受其困。

　　你可能会认为抱有这种想法的人真的太傻了，但我推荐的方法是在教你如何摆脱那些耳濡目染、根深蒂固的思想，不再以此约束自己，以及如何换个角度看问题。通过转换视角，我意识到我已逐渐将身边的人所宣扬的思想内化，从而塑造了我现在的思维模式和行为方式。但最重要的是，我意识到自己有办法改变这一切，这需要我在行事前打开思路，接纳新的思想。

　　作家、演讲家拜伦·凯蒂（Byron Katie）提出了一套名为"一念之转"的自我修行方法，即针对让你痛苦的念头，自问4个简单的问题。想要完成"一念之转"，只需怀揣一个消极的念头或想法，对自己发问：

- 那是真的吗?

- 你百分之百确定那是真的吗?

- 你笃信那个想法后有何反应?

- 如果不这么想你会变得怎么样?

练习
审视你的赚钱能力

- 你对赚钱有什么看法？分享一个你在成长过程中学到的关于赚钱的道理。
- 你希望自己抱有怎样的赚钱观念？
- 你对工作有什么看法？分享一个你在成长过程中学到的关于工作的道理。
- 你希望自己抱有怎样的工作观念？
- 如果你还没有探究过，那么你觉得工作和赚钱之间的关系如何？分享你在成长过程中学到的工作和赚钱之间的关系。
- 你希望自己如何看待自己创造的价值和相应的工作报酬？
- 你赚钱的流程是什么？你是如何参与其中的？
- 还有什么其他赚钱流程你可以加以发掘或参与其中？
- 你目前的收入水平是否能维持健康的财务状况？如果不能，你需要赚多少钱才足够？这个数字是基于某个理想中的支出计划得出的吗？如果不是，那它是基于什么得出的？
- 为了找到能赚够钱的方法，你会做出怎样的尝试？

应急存款

设置应急存款并不会让你就此摆脱危机，它不能防止你失业，不能防止你的宠物狗患病，更不能遏制新冠肺炎疫情的蔓延或改变已经发生的不幸。但应急存款至少不会让情况更糟，从长远来看它能减少你的财务困境，比如防止你欠下无法偿还的债务。当你备受压力时，应急存款能让你稍稍放松心情，避免遭受经济变故。

经济变故常常令人措手不及，有时你要为此付出昂贵的代价。它们可能会以各种形式出现，严重程度也不尽相同，比如全球经济衰退、失业、疾病、根管治疗、意外事故，甚至是战争。经济变故不是一个是否会经历的问题，而是一个何时经历、程度几何的问题。

我从小在加利福尼亚州南部长大。在闷热的夏天，周日我们全家常常一起去海滩纳凉游玩。在短暂的车程后，我们会在海滩上占个好位置，然后开始尽情放松。那段时间给我留下了许多快乐的回忆——我和姐姐一起追小沙蟹、徒手冲浪；应表弟的要求，我们把他的身体埋在沙子里；在沙滩上挖大洞、堆沙堡。

第一次堆沙堡的时候，由于缺乏经验，你可能会低估很多东西。首先，你低估了堆沙堡的难度，沙子其实很不好驾驭。其次，每到下午时分都会涨潮，海浪可能会把你一整天的劳动成果都冲走。之后你就会明白：虽然不能阻止海浪袭来，但可以挖壕沟或建壕墙来抵御浪潮。

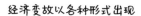

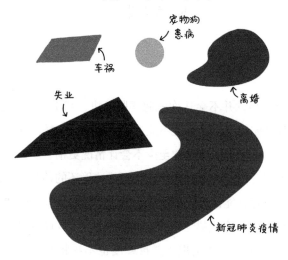

经济变故以各种形式出现

宠物狗
患病

车祸

失业

离婚

新冠肺炎疫情

　　个人财务状况就像一座沙堡，你花时间来建造和打理它，并做出一些决策和选择，希望能防止它分崩离析。可控范围内的事是可掌握的，但总有一些事情是不可控的，比如有没有合适的工具或有没有人来帮你，潮汐何时变化，海浪何时涌来。经济变故和紧急情况就像威胁沙堡的海浪，或是突然降临，或是逐渐靠近，但总之无可避免。希望当它真的来临时，你已经挖出了一条壕沟或建好了一堵壕墙。

　　正如壕沟或壕墙是抵御潮汐变化冲击的最佳手段，应急存款也是抵御经济变故的第一道防线。这就是为何人们都建议，如果要存钱，就要最先预留出应急存款。它是第一道防线，在这个充满不确定性的世界里，这是一隅安身之所。

　　尽管大多数人都能理解紧急情况和经济变故不可避免，但很多人却没有存够钱，或者根本没有存钱。除了前述个人理财等式中涉及的纯粹数学问题，人们为了省钱而苦苦挣扎的原因还有很多。

个人财务状况

即将到来的经济变故

延迟满足

　　20世纪60～70年代，斯坦福大学的研究员沃尔特·米歇尔（Walter Mischel）针对一群四五岁的孩子开展了一项棉花糖试验。

　　在这个试验中，研究人员把孩子分别带到有桌椅的单人房间内，并在他们面前的盘子里放了一块棉花糖，然后告诉他们，自己现在要离开房间，大概15分钟之后回来，如果现在他们不吃眼前这一块白白软软的棉花糖，那么自己在回来之后，会再给他们一块。

大多数孩子都想抵挡住棉花糖的诱惑，不过最后有些孩子还是失败了。在之后的40年内，研究人员对这些参与试验的孩子进行了跟踪回访，并持续关注着这些孩子在各个领域的发展。然后他们发现，与在最初的试验中没有抵挡住棉花糖诱惑的孩子相比，那些能够延迟满足的孩子通常在高考中发挥得更好，那些孩子的父母也表示他们能够更好地掌握社会技能，更加从容地面对压力，同时更不容易患肥胖症或者吸毒。[1]

研究人员自然得出了一个结论：能够延迟满足的孩子在未来的人生中更有可能取得成就。这个推论是符合逻辑的。如果人们专注于眼前的工作，而不是成天刷手机，他们的工作效率可能就会更高，或者他们就能够按时完成家庭作业，取得更好的成绩。那些能够坚持出门跑步，而不是一直瘫在沙发上的人，怎么也比那些贪图享乐、虚度光阴的人过得健康。储蓄也是一种延迟满足，因为如果我们把钱存起来，其实就相当于放弃了当下消费的机会，以备未来不时之需。

自初次试验之后，研究人员又进行了一些延伸试验来细化最初的结论。在其中一项试验中，研究人员将孩子分成两组[2]，对第一组孩子信守承诺，而对第二组孩子言而无信。研究人员先给了第一组孩子一些用过的蜡笔，并告诉他们，自己等会儿会拿着更好的蜡笔回来。两分钟后，他们拿着更大、更好的画具回来了。而对于第二组孩子，研究人员回来的时候两手空空，并告诉他们出了些问题，没有其他的画具。而后，研究人员又用贴纸做了类似的试验，向两组孩子承诺会拿着更好的贴纸回来，然后对一组守约，而对另

挣钱不易，管好你的钱

一组失约。在完成这个准备试验后，又进行了棉花糖试验。

估计你也能想到，那些"吃过亏"的孩子迫不及待地吃掉了棉花糖。为什么要等呢？想想之前研究人员的行为，他们没有理由再相信研究人员会带着第二块棉花糖回来。要我一次，算你狠，要我两次，算我蠢，不是吗？相比之下，没有"吃过亏"的孩子则更愿意等待，他们不仅能够比另一组的孩子等得更久，有些孩子甚至能够一直坚持等到最后，得到了承诺中的第二块棉花糖。

那么这和储蓄有什么关系呢？该研究表明，个人延迟满足的能力并不是天生的，我们所做的决定受到周遭环境的影响，包括成长环境、社会经济地位和过往经历等。我们是否选择延迟满足，与这些因素脱不开干系。

举个例子，如果你一开口就能得到20美元，然后马上把它花掉，这两种即时满足的形式会让你觉得钱来得容易去得也容易。但如果你在一个不安稳的环境中长大，全家吃了上顿没下顿，你没理由会延迟满足。事实上，把到手的钱马上花掉才是更明智的选择，毕竟明天有太多不确定，及时行乐才是最可靠的。

再举个例子，在成长过程中，你会发现自己对长大后生活的期望和现实之间有着巨大的差异，这种环境也会让你缺乏安全感。许多80后、90后都有这种期望与现实不符的落差感。虽然没有研究人员承诺我们会得到更大的贴纸，但父母、老师和社会都在期待我们像上一辈一样，找个稳定的工作，有着体面的收入，即使随着经济持续增长，房价水涨船高，我们也能买得起房子。但实际上我们大多数人都无法获得稳定、收入体面的工作。在这种落差下，我们更容易因为社交网络上的广告而冲动消费，但至少我们能够花着自己的钱享受当下，而不是忧心未来会怎么样。

不平等让人们更倾向冲动消费，而非延迟满足。对于生活拮据的人而言，把宝贵的心思花在考虑几个月后可能发生的问题上，或者在有应急存款的情况下，考虑暂时还没发生的问题，无疑是浪费精力和资源。因为他们有更加紧迫的问题需要处理，比如这个月的账单。即使付完账单还有余钱，这些遭受着社会不公的低收入家庭也更倾向把钱花在能够提升他们社会地位的项目上，而不会存起来。正如我在第一章中提到的，人们会因此陷入理财决策的困境。

即时满足

如今的消费文化让我们高度重视即时满足。我们可以一键订购，享受次日达、当日达服务，发送即时短信，还可以加载或者下载我们一辈子都看不完的内容。技术让我们的世界充满即时满足，但我们的大脑运作速率有限，远远跟不上技术发展所带来的日新月异的变化。

现代社会有太多难以抵挡的诱惑，总会让我们冲动消费，沉迷于即时满足的快感而无法自拔。从高速公路上的广告牌，到我们睡前舍不得放下的手机，各种营销信息和广告铺天盖地地袭来，商家用花里胡哨的广告语向我们推荐一些毫无用处的东西，这让我们不堪其扰。

之前我已经提过注意力经济的作用，不过现在说到了延迟满足，那我就有必要再提一下，以便我们了解现状。在资本主义横行的社会，大公司左右着我们的行为。它们利用全视全知的算法和人工智能在后台监视着我们的社交媒体动态，并在心理学家和神经学家的协助下，利用科技来持续操纵我们的行为，诱导我们不断消费。科技公司会向其他公司出售用户数据，让它们比你还了解你自己，可谓是占尽优势，一切尽在掌握。它们对你是否能存到钱漠不关心。你得主动走出舒适圈，有意识地做出改变，来对抗这股力量。

凭空设想一下紧急情况

把钱存起来作为应急存款是一项异常艰巨的挑战。想象在未来可能会出现什么样的紧急情况过于抽象，我们脑子里也没有概念，尤其是当你没有靠存款度日的经历，更没有类似的经验可以参照借鉴时。在我写本书的时候，距离新冠肺炎疫情暴发已经一年半了。不用说，这段经历将帮助我们所有人理解什么是紧急情况。

无论外部环境如何，发掘自身的力量

现在我们已经意识到周遭环境会削弱延迟满足的能力，如果再仔细审视一下周遭环境，就会发现我们每个人其实都无法选择自己的出身。但记住，发掘自身的力量是我们力所能及的，也是在控制圈内能迈出的最积极的一小步。我们可以定期练习和培养延迟满足的能力；接受生活的不公，将它当作成长路上的垫脚石，帮助自己变得更加坚韧；善用科技来抵消其本身带来的不利影响；无论在何种情况下，都要制订存钱计划。现在我们已经认识到了阻碍我们存钱的因素，那么是时候看看应该怎样制订存钱计划了。

存多少钱才够

在新冠肺炎疫情暴发之前，教科书上规定，应急存款需要能够维持3～9个月的固定支出或基本支出。而在疫情暴发之后，许多理财专家转变了看法，建议人们多存点钱，最好能够维持一年的基本生活开支。到底应该存多少钱、维持几个月的开销因人而异。基本的逻辑是，人们需要存一些钱来满足一段时间的生活开销。

你可能不理解为什么人们认为存款能够保证基本生活开销即可。这里的底层逻辑是，当真的遇到了紧急情况，你大概率会削减不必要的开支。但如果你想在应急存款账户里多存点钱，维持自己的娱乐消遣，这当然也可以。存够3~9个月的基本生活开销只是一条底线而已。

我一个朋友和她丈夫存了够用一年的应急存款，问我觉得够不够。我告诉她肯定够了，而且那个时候一些理财专家甚至觉得预备一年的存款太多了。但在她看来，只要少存一点儿，就会让她十分焦虑，甚至坐立不安、夜不能寐。但我也遇到过一些人，他们觉得省下3个月的基本开支就够了，他们能很坦然地接受这点儿风险。

我没办法告诉你到底应该存多少钱才会睡得安稳，只能简单介绍一下理财规划师和理财专家的主要建议和理由，最终还是得看你自己能接受多大的风险。

在本章末尾，你可以试着制订应急存款储蓄计划。不过在那之前，让我们先看看杰米的例子。杰米是一名木工，他的税后年收入为50 000美元，每月生活必需支出约为2 000美元。据此计算，杰米需要至少6 000美元（3个月的生活必需支出）或高达24 000美元（12个月）的应急存款。

世界上还有很多和杰米一样的人。有些人可能已经在自己的银行账户里存够了6 000美元或24 000美元的应急存款，有些人本来就很有钱，已经有额外的6 000美元或24 000美元闲置存款。他们可能很享受节制消费，也可能从父母那里继承了50 000美元，或早早地养成了存钱的习惯，甚至三者兼有，所以每个月存点钱对他们而言就跟吃饭喝水一样简单。

但出于某些原因，有些人会觉得存下 6 000 美元或 24 000 美元简直比登天还难。有人可能患有慢性病，所以他非但无法全职工作，还需要支付高昂的治疗费；有人可能需要偿还学生贷款或者信用卡债务；有人可能上有老、下有小，有一大家子需要养活。既要存下上万美元，又要处理好以上种种糟心事，光想想都会让人不堪重负、头疼不已。如果你也是其中的一员，请不要惊慌，也不要只关注巨额的数字。虽然明确存钱的数额确实很重要，因为它就是你的指路明灯，但是存钱是一个需要持之以恒、循序渐进的过程，需要一步一步地努力，所以我们更应该关注这个过程。

努力存钱，自此开始

现在最重要的事就是行动起来，踏上你的存钱之旅，重中之重是养成存钱的习惯。你一开始不用为存多少钱而感到焦虑，而要先养成习惯，再巩固习惯。若一开始就想着彻头彻尾地改变，那么你很有可能会陷入无尽的挫败感，觉得自己一事无成。而若一开始就打定主意慢慢来，进度可能确实比较缓慢，但当你发现储蓄账户的余额从两位数逐渐变为三位数、四位数时，这种说到做到的成就感会坚定你存钱的信念，巩固你的储蓄习惯，甚至可能会鼓励你通过多种渠道来增加存款。等到哪天你遇到了前所未有的财务危机，就不会无钱傍身。在面对财务危机的时候，你会发现，这些理财方面的小习惯对你的生活是多么重要。

同样的事，也许对一个人来说合情合理，但对另一个人来说就不太现实。对于那些收入水平较高，且住在生活成本不高的小城镇里的人而言，存下一半的收入合情合理，但对于那些事业刚起步，还拿着基本工资，居住在生活成本高昂的大城市里的人而言，这简直是痴人说梦。

085

我建议在制订支出计划时，至少把存钱目标定为税后工资的10%。这个数字对现在的我而言非常合理，但对于过去的我而言却有点儿无法承受。不过即使那时无法存下10%，我也会尽可能地多存一些，刚开始还挺痛苦的。你如果当下存不了那么多，就先存多少是多少。事实上，对于部分人而言，不管存多少，在起步阶段都是痛苦的，可如果不存下这些钱，之后可能会更痛苦。

20%是一般标准

储蓄率是指储蓄额占税后工资的百分比。理财专家一般建议把储蓄率定在20%左右，尤其是对于打算退休的人而言。关于退休，我会在第四部分进行更深入的探讨。

20%看起来已经很高了，但我强烈建议至少存30%。这个比例不低，与美国人均储蓄率相比更是高得多。1959年1月至2020年10月，美国人均储蓄率是8.9%，储蓄率中位数是8.7%。[3]

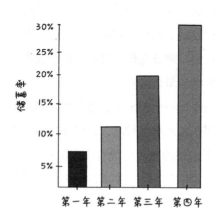

逐渐提升储蓄率

挣钱不易，管好你的钱

显而易见，较高的储蓄率能够帮助你在短时间（比如5年）内存够应急存款，而问题其实在于如何逐渐提高储蓄率。不过要是我能想出一个万能答案，我就能当总统了，或者至少也能因为解决了这个难题而大赚一笔。哎呀，可惜我没有这样的答案！但我可以提供一些思路，供你思考适合自己的方案。

不着急，慢慢来

还记得那个极其简单的个人理财等式吗？

$$收入 = 支出 + 储蓄$$

还记得这个等式的变体吗？比如：

$$储蓄 = 收入 - 支出$$

　　这意味着我们可以通过开源或者节流来增加储蓄，还可以双管齐下。节流的一个办法是还清债务，之后就可以把之前用于还债的钱存起来。这是个好办法，因为你已经习惯不去花这笔钱了，所以把它存起来的时候，你并不会因为削减了这部分开支而觉得痛苦。

　　在开源方面，我们先假设收入会随着工作年限增加而增加。如果这个假设成立，那么随着收入增加，你能够存下的钱按理来说也就越多，储蓄率也会相应提高。但我意识到，这里存在的问题其实是，生活成本可能也会随着收入增加而逐渐提高。

存下增加的薪水、奖金和意外之财

　　如果你的公司足够大方，每年都会给你加薪，那么你要在合理范围内尽可能地把增加的薪水存下来，这也是一种无痛提高储蓄率的方法。还记得第三章中提到的享乐跑步机吗？它讲的是人们即使面对大起大落，也能够保持相对稳定的幸福指数。好消息是我们能够利用一下这个有点儿古怪的人类天性。刚获得加薪的时候，我们会很兴奋，但如果因此逐渐提升消费水平，那么几个月后，当消费水平逐渐赶上收入水平，这种兴奋感就会消失殆尽。既然明白了这个道理，那么我们一开始就可以将这部分收入作为额外的储蓄，以减少无谓的损失。

不过我意识到，不是每个人都能指望每年加薪，而且由于通货膨胀、生活成本增加，即使加薪也只能勉强维持原来的生活水平。把增加的薪水存起来，对有些人而言可能是绝佳策略，对其他人而言则完全行不通。我就是后者，所以我选择辞职，当自己的老板。

自主创业有着极大的优势，也有着独特的风险。优势是你的收入高低不再全盘由他人决定，风险是没有人给你发薪水了，你得自己想办法赚钱。不过如果踏上这条路，那么在相对较短的时间内迅速提升收入和储蓄率就不再是白日梦。

拿我自己来说，刚开始创业时，我只有少量的应急存款（当然，我不建议在没有应急存款的情况下就开始创业），而且有债务需要偿还（没还清债务最好也不要创业）。但自己做老板之后，我能够掌控自己的收入，不仅存款继续增加，也顺利偿清了债务。

对于负债期间是否要存钱的问题，理财界存在争议。归根结底，具体怎么做取决于你自己，但我的看法是，边还债边存钱可以防止债越欠越多。

应急存款助你打破债务循环

在本书第五部分，我会深入探讨债务问题，不过由于债务同应急存款关系密切，现在不妨先关注着。根据我的经验，边还债边存钱并不轻松，但如果你欠着债，拥有一笔能应不时之需的资金就更加重要，这可以防止你欠更多债。你可能会想："在努力还债的几年里，即便没有储蓄，我也会好好的。"在这点上，你很可能是对的，你可能完全不会遇到什么问题。

但这么做存在风险。没有应急存款的时间越长，遇到财务危机的概率也就越大。如果突然急需用钱，手头却无钱可用，你就只能继续借债，如此便陷入了债务循环。

你如果曾深陷债务循环，就应当非常清楚它是怎么回事。也许你有过这样的经历：本已还上一部分债务，但车突然坏了，需要一大笔维修费，或者家人生病，得买出发时间最近的高价机票去探望，总之不得不再借债。这就好比刚进一步，却又退了两步。你可能会因此灰心丧气，甚至不想再努力还债。你这样沮丧也无可厚非。

债务循环

债台高筑，
无力应对意外

继续借债，
才能渡过难关

*图中未体现的因素：工资增长慢、系统性的不平等、
种族歧视

但正因存在陷入债务循环的风险，边还债边存钱才格外重要。

虽然这么做意味着还清债务要更久，需要支付的利息会更多，但我认为这种取舍很值得，因为这样一来，你手里就有了能应对不时之需的钱，可以防止债越欠越多。此外，手头有现金，心中也会更踏实。虽然把本能用于偿还债务的钱视作余钱似乎不合常理，但它能让你更有底气。这听起来可能有点儿荒唐，但现在我们应该已经很清楚，对自己财务状况的看法会影响我们的生活，也会影响我们做事时的取舍。

不要只盯着目标，享受过程

这里小小提醒一下：不要对最终目标过于执着，而要专注于养成推动你向着目标前进的习惯，享受整个过程。但这不意味着我认为存钱会让你变得更好、更加高尚。我不觉得存钱是什么美德，也希望你能将两者分开看待。如果存钱对你来说恰好是件难事，不妨把它看作一种历练，助你在面对逆境时更加游刃有余。经过这种历练，你就能够从自己的角度去理解人生的艰难，而这种理解正是同理心的来源。逆境能给人们带来很多收获，同理心不正是其中之一吗？

人总会遇到艰难的时刻。而具体到存钱这件事上，所谓的艰难或许就是你努力实现了目标，但一个晴天霹雳，一切又成了一场空。你前进的步伐可能会被拖慢。这些意外很多都发生在我们的控制圈外，但总有一些事是我们能掌控的。对于有些事，我们虽然无法掌控，但可以施加影响。所以，请专注于那些我们有能力改变的事。

学会存钱之道，养成存钱的习惯，对未来十年乃至一辈子都是大有裨益的。你可能听健身达人朋友说过，健身是一种生活方式。

这样的话你也许不爱听，但我还是要唠叨一些差不多的话：把赚到的每笔钱存起来一部分，努力提高储蓄率是一种生活方式。存钱并不有趣，但必须要做的事往往都不怎么有趣。

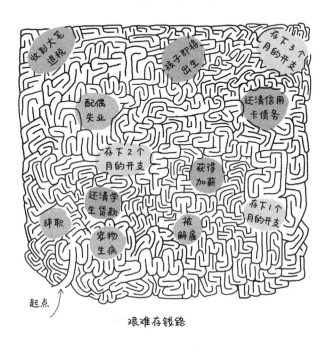

艰难存钱路

练习
应急存款储蓄计划

- 你希望你的应急存款能应付几个月的开支？
- 你现在有多少存款？
- 你每月存多少钱？
- 你目前的储蓄率是多少？

  储蓄率＝（每月储蓄÷每月税后工资）×100%

- 你需要多长时间才能达到应急存款储蓄目标？

  你的目标－你当前的储蓄＝你需要追加的储蓄

  你需要追加的储蓄÷你的每月储蓄＝实现目标需要的月数

- 这个时间跨度是否合理？如不合理，为什么？具体要怎样做才能制定更合理的目标？
- 达到应急存款储蓄目标后，你会有哪些新际遇？
- 达到应急存款储蓄目标后，你可以不必再做什么？
- 详细描述你的应急存款储蓄计划。你打算存多少钱？是否设置自动转账？计划多久达成目标？

第七章

面临失控，如何自控：自动存款

习惯成自然：自动存款的妙用

当我们要花钱的时候，科技可能会帮倒忙，但到我们存钱的时候，它还是很有用的。

我们所做的事情不一定都是经过深思熟虑，能够实现个人利益最大化的，因为我们的行动在开始时往往是无意识的。杜克大学研究员戴维·尼尔（David T. Neal）、温迪·伍德（Wendy Wood）和杰弗里·奎因（Jeffery M. Quinn）的调查研究显示，习惯性行为在日常行为中的占比高达45%。[1]也就是说，你每天有将近一半的行为都是出于自身习惯。这意味着，在每天将近一半的时间里，我们都像行尸走肉一样，行动不受自己支配。

每天早上我们都会刷牙，这不是因为我们在有意识地提醒自己做这件事，而是因为它已经是一种根深蒂固的习惯了，我们根本不需要思考，自然而然地就会这样做。就像每天的上下班通勤一样，你一定疑惑过自己怎么莫名其妙地就到家了。这种微妙又奇怪的感觉恰好说明了习惯的力量有多么惊人。它能释放我们的大脑，让我们有余地去思考、完成其他的事情。有时，习惯相当于一条捷径，能让我们在通勤的路上开启"自动导航模式"，如此一来，我们便能利用这段时间听广播、有声书，或者思考需要解决的问题。

从认知角度来看，习惯是一种很强大的工具。人的大脑有神经通路，即一处神经元与另一处神经元之间的连接通路。这些神经通路与习惯相互作用，神经通路由习惯产生，反过来也会促进习惯的培养。当我们不断重复某一行为时，与之相关的神经通路也会得到强化。在重复足够多的次数之后，我们就会将完成该行为当作一种常态，完全不需要思考，习惯也就形成了。这就像养成每周抽点时间规划理财的习惯一样。重复某一行为的次数越多，相应耗费的精力会越少，与之相关的习惯也会变得更加根深蒂固。

所以，不断培养和巩固自己的好习惯，会产生一加一大于二的效果。一旦养成了好习惯，你便能不假思索地采取行动，而且能用看似更少的精力取得更好的结果。但从另一个角度来看，如果你养成了坏习惯，那么这会对你造成负面影响，形成一种恶性循环。如果你养成了花光每笔工资的坏习惯，不知道存钱，那么当你想要摆脱这个坏习惯，养成新的好习惯时，通常需要在大脑里重新建立相应的神经通路。

但如果你有固定的工资，你也许就不需要费力改掉这个坏习惯。你要想养成存钱的好习惯，只需要让现代科技代劳，定时自动存款。如果你参与了企业提供的退休养老计划，比如美国的401k退休福利计划，那么它每个月会自动从你的工资中扣除养老金，存入退休基金存款账户。

自由职业者的收入则不太稳定，虽然你依旧可以设置自动存款，但只能设定最低存钱数额，而非存钱比例。这意味着你可能每周只能存50美元，而不是收入的20%。要想精准地按照收入百分比存钱，你就必须手动操作，即在每次工资到账时手动转账，毕竟各笔收入有高有低。这就是为什么我极力推荐你安排每周理财时间。为了确保自己按时转账存款，你应将它作为每周理财时间的第一要务。

总的来说，我认为努力改掉坏习惯、养成好习惯非常重要，但我同样支持找寻各种方法，化难为易。如今科技高度发达，我们可以善加利用，不再需要像以前一样仅依赖自己的大脑。大脑的运作方式十分复杂，在适当的条件下，它可以进行无可比拟的抽象思考。有时大脑也会发出指令，驱使我们狼吞虎咽地吃掉饼干，生怕别人抢先一步。尽管我们不能，或者不应该用科技手段代替一切好习惯，但我认为不会善用技术来帮自己存钱的人未免有点儿太傻了。

在进一步介绍存钱的方法和细节之前，我想先解决一些常见问题，这是我近年来听别人提及并收集的。

应该把应急存款存在哪里

别急着建立自动存款账户，先看看应该把应急存款存在哪里。

银行账户类型十分重要

我建议你把钱存入高利息货币市场储蓄账户，大多数网上银行都可以办理。如果想了解哪些银行的利率最高，美国金融信息服务公司每月都会在官网上公布银行账户利率排行榜，你可以参考一下，选择最佳的货币市场储蓄账户。[2]要知道，利率有高有低，有升有降。这就是为什么此类网站会定期公布详细的数据。但可惜，我没有什么好的途径能搜集到信用合作社的数据。

高利息货币市场储蓄账户与一般存款账户十分类似，只有些许区别。银行会利用储户的一般存款发放汽车贷款、信用卡或信贷额度等。货币市场储蓄账户的利率略高于传统储蓄账户，因为银行会利用这些存款对期限较短、流动性较高³且风险较低的资产进行投资。⁴但别担心，这些存款和银行账户中的存款一样，都受到联邦存款保险公司的保护。如果你选择相信金钱是有价值的，那么风险总会存在，因为金钱的价值实质上只是人们集体信念的产物。但即便如此，在货币市场储蓄账户里存钱一般来说也是零风险的。换句话说，我们不需要担心银行会用账户里的钱进行高风险投资。

高利息货币市场储蓄账户的利率比一般存款账户更高。打个比方，如果一般存款账户的利率是0.5%，那么高利息货币市场储蓄账户的利率就是1.75%。请注意，我写本章时的利率可能与你读这本书时的利率不同。

挣钱不易，管好你的钱

选择哪家银行很重要

我一般喜欢把应急存款单独存进一家银行，与生活必需支出账户和娱乐消遣支出账户分开。我个人更推荐网上银行，因为这样应急存款就会消失在你的视线范围内。我希望你可以将其抛到脑后，这将帮助你抵制诱惑，以免你把钱用于任何非紧急情况。

不过这样做的话，转账可能会不方便，但这其实是件好事。等待三天才能动用应急存款进行转账，意味着你将有三天的时间来确定你是否真的需要这样做。这是另一种保护自己的方式。

我喜欢网上银行，还因为它们的费用往往较低。这些银行不需要到处开设分行，也就是说，它们不必支付那些高额的商业租金。因此，通过网上银行转账时，你可以不支付或者支付较低的费用。当然，每家银行情况不同，请向你选择的银行进行咨询。

你也可以在信用合作社建立应急存款账户，其好处不仅仅是利率高。信用合作社实行会员所有制，与传统银行相比，它们往往会对本地社群和会员进行更多的投资，所以它们应该比普通银行更好。在成为会员后，你就与信用合作社建立了一种关系。当你想申请汽车贷款、信用额度或抵押贷款时，作为会员的好处就显现出来了，因为在你能存钱的银行里，信用合作社提供的利率往往是最高的。

如果没有应急存款，你还应该存钱养老吗

存一笔应急存款是打造坚实财务基础的第一步，因此一般而言，该类存款比其他类型存款的优先级更高。不过在优先考虑应急存款的同时，你仍然可以进行多项储蓄。例如，如果你很幸运，雇主提供401k退休福利计划之类的保障，并且会根据你的定期缴款

缴纳一定比例的金额，[5]那么我强烈建议你好好利用这一点：在经济条件允许的情况下，尽可能多地定期缴款，毕竟这是一笔免费资金。我将在第四部分进一步探讨退休问题。现在是时候建立你的应急存款账户了。

记住，退休福利计划是为了防止你把它当作应急存款来使用。在紧急情况下提取退休金可能要承担巨额的罚金。

如果你能负担得起，你应该至少存与雇主缴纳金额相当的退休金，这样你就可以将其充分利用，然后把剩下的钱存入你的应急存款账户。也就是说，你应该一直存退休金，只是现在少存一点儿。你应该将最多的钱存入应急存款账户，因为它的优先级最高。

在上一章的练习中，你计算了应急存款时间表，也就是你需要多长时间才能存够应急存款。如果你想同时进行多项储蓄，那么你不应过度调整应急存款时间表，而要确保时间表是合理的。

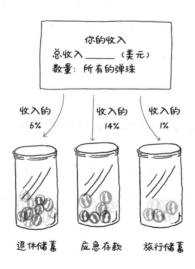

在什么情况下才可以动用应急存款

当真有紧急情况发生时，一些人犹豫不决，不知道是否该动用他们以备不时之需的存款。这种犹豫可能是因为存下这笔钱的过程非常辛苦，他不想将其耗尽，也可能是因为他自己都不清楚什么才是紧急情况。

如果你遇到了紧急就医等急需用钱的意外状况，这绝对需要动用应急存款。除此之外的紧急情况还有许多，比如：你被解雇了，你养的狗吞下了圣诞树上的装饰灯，热水器坏了，看望病重的祖母，等等。

而诸如临时起意去旅行等非必要的开支是不应该动用应急存款的。不过，并非所有使用应急存款的决定都是黑白分明的，其中存在一个灰色地带，并且因人而异。你必须自己判断是否可以动用应急存款来应对灰色地带的紧急情况。

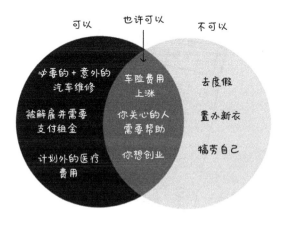

练习

开设应急存款账户，设置自动储蓄

- 选定开设应急存款账户的银行或信用合作社。
- 办理手续，开设一个专门用于存放应急存款的账户。
- 翻到上一章（第92页）提及的应急存款储蓄计划，计算一下你每个月或每次拿到薪酬时应该要存多少钱。
- 选定自动储蓄的方式：直接从薪酬中转入存款账户，或者从生活必需支出账户中自动转账。
- 设置自动储蓄：如果你想直接将薪酬转入存款账户，那么你所在公司的人力资源部门可以帮你设置；如果你想让银行帮你设置转账，那么记得将转账日与发薪日设为同一天。
- 如果你是一名收入不定的自由工作者，那么记得将储蓄写在每周理财待办清单上；你可以用一个简单的电子表格记录自己赚了多少钱，并根据固定储蓄率计算自己应该存多少钱。

应急存款储蓄清单

☐ 开设一个高利息货币市场储蓄账户，注意不要和支出账户开在同一家银行

☐ 计算储蓄目标

☐ 设置自动转账

挣钱不易，管好你的钱

不妨一试：通过正念冥想练习延迟满足

请别见怪，我还是想很俗套地给你提一个建议：冥想练习。你可能已经听厌了，但请先听我说完。冥想是练习延迟满足的绝佳方式。当你坐下来冥想时，尤其是刚开始的时候，你会立刻想做点别的事情，什么事都行。你可能会想挠痒痒、吃饼干、看手机，也可能会想起别人曾告诉你要给你发一封电子邮件，或者记起自己曾经说要给别人发邮件，然后就去查看确认。或者你突然想看看日历，做一下今日计划，回复一下前一天的短信。体验这种冲动，但并不受其所误，是一种低风险的延迟满足练习方法。

定期进行冥想练习看似微不足道，但却是治本之策。这种简单的练习可以让你的内心世界变得强大。正念冥想练习不仅可以帮助你练习延迟满足，让你能坚持完成你不想做的事情（反之亦然），还有很多其他心理和神经方面的好处。比如，不断有研究证明正念冥想练习有以下功效：提升整体幸福感；[6]帮助人们更好地管控压力和焦虑；增强自我意识，改善情绪应对能力；提高注意力，改善心态。

冥想有各种各样的方式，你可以通过很多方法进行学习。我大约在2012年的时候开始学习冥想。每次冥想开始时，我会直接坐在垫子上，集中注意力感受自己的呼吸。一旦分心，我就重新开始，再次尝试集中注意力。

美国哲学家萨姆·哈里斯（Sam Harris）推出了应用程序Waking Up，这是一个学习冥想的好工具。无论你是对正念冥想一窍不通的新手还是已经初窥门径的资深修习者，这个应用程序都能为你提供引导。我在踏踏实实地自己修习了一段时间之后，就开始使用Waking Up来进行更深层次的探索。要是在我刚开始自学冥想的时候就有这个应用程序该多好啊！按年订阅这个应用程序比较实惠，但你如果手头拮据，就可以给萨姆·哈里斯发一封电子邮件，申请一年的免费会员资格。

要想真正体验冥想的益处，就要有规律地进行练习，所以你要想办法将冥想纳入日常习惯。冥想是我的晨间日程之一，但我知道这并不适用于所有人。

这种传统方式并不是修习正念冥想的唯一途径。我认识许多舞者、运动员和从事非常规医学治疗的保健理疗师，他们练习冥想的方式往往涉及肢体运动。所以尽管去找寻最适合自己的方法吧。我希望你能将这种探索和投入视为对自己的投资。

练习

练习正念冥想

- 选择学习方法。

  ——使用冥想应用程序，比如Waking Up。

  ——与导师进行小组或一对一练习。

- 如果你选择使用应用程序，请安排好每天的练习时间。（时间安排应尽可能有利于养成习惯，可以与你已经形成的每日习惯绑定，比如早上刷牙后或晚上睡觉前固定进行冥想练习。）

- 如果你中途没能坚持住，那么要记住你随时可以选择重新开始。你也可以尝试其他练习正念冥想的方式，但无论如何，练习的一部分就是坐在那里与自己的惰性对抗。

挣钱不易，管好你的钱

做财务决策时应如何思考

2010年的时候，我有了一个远大的理想：我想成为一名地方检察官。我之所以会产生这样的想法，是因为我的生活中发生了两件大事。第一件事是我当时被裁员了，这让我陷入了一种焦虑的状态，我开始贬斥自己，认为自己不管是生活还是事业都没有经营好。

第二件事则与我几年前还在银行工作时认识的一名地方副检察官有关。她在一起性侵案中，代表政府起诉了一名伪装成洛杉矶警察局警官的男子，而我是这起案件的受害者。于是，我与她开始了密切合作，我们自然而然地熟络起来。她赢得了这场诉讼，那个男人被判有罪，并被处以20年监禁。

在这位地方副检察官的帮助下，我站上法庭为自己辩护，夺回了自己的力量，这段糟糕的经历也因此有了意义。正因如此，我也想帮助其他人感受同样的力量。所以，我决定成为一名地方检察官。

我花了一年的时间为申请法学院做准备，同时还在理财规划公司上班。我对个人理财行业逐渐熟悉起来，学会了如何理性看待债务问题。在与客户打交道的过程中，我渐渐意识到了提出正确问题的重要性。比如，面对想买房的客户，与其问他们"买这栋房子要花多少钱"，不如询问他们买房的情感动机，是需要安全感还是想在某地长期发展，抑或仅仅需要这么一笔"大买卖"来消磨精力和时间。作为一名理财规划师，我的工作是帮助客户认清财务决策背后的真实动机，计算其成本和收益，并帮助他们理解风险和回报之间的微妙平衡。

在明白了提问的重要性之后，我终于在申请法学院的前几天想起了一个关键问题：上法学院要花多少钱？随着这个问题的抛出，更多问题接踵而至。

我坐下来迅速制作了一个电子表格，计算我需要借多少钱才能读法学院，最后得出了一个天文数字。它本该让我望而生畏，但我没有，因为我无法理解这个数字对我的生活意味着什么。

我通过对比自己和老板的收入明白了赚钱的重要性，于是我打算通过对比读法学院的费用和我的收入，来弄清楚这件事的实际成本。综合考虑各种因素后，我计算出了每月要拿出多少工资来偿还读法学院欠下的债务——大约是1 000美元。对公司律师而言，这个数字不算吓人，但我本打算做一名地方检察官。我做了一些调查，发现如果我成为一名初级地方检察官，那我每月要用34%的税后工资来偿还学生贷款。这个数字就让我比较难受了。

我还研究了基于收入的还款计划和贷款减免计划，但新的问题又来了。申请学生贷款减免是一个可行的选项吗？我就那么笃定会在公职部门工作10年吗？如果我不喜欢这份工作呢？鉴于我之前每月还款的金额较少，如果我之后到了私营企业工作，还贷总额又会是多少？还贷总额有上限吗，还是会无限增长？到那时为了还贷，我是不是只能选择做检察官了？我会不会觉得受束缚？我是不是在搬起石头砸自己的脚，仅仅为了在道德上得到自我满足？

再往后的问题就更尖锐了。

这笔债务会如何影响我未来的婚姻？它会让我的生活变成什么

样子？它会给两个即将迈入婚姻殿堂的人增添怎样的额外负担？我们的关系是否会因为这笔债务而变得紧张，甚至最终宣告破裂？在我试图让别人过得更好的同时，是不是让自己和未来的家庭陷入了更糟糕的境地？

想要做些有意义的事情就必须背上债务吗？这值得吗？

我久久不能从震惊和心痛里缓过神来，原来读法学院竟可能是一个如此冒险的财务决策。

在做出选择前，没有人能断言哪个选择更好，我们只能尽己所能做出自认为最好的决定。尽管有时会选到错误答案，但通过这个过程，我们学会了审视自己的决定，分析每一个选项背后的成本。

你在一生中会面临许多财务决策，其中大多数不值一提，但总有那么几个足以改变人生。有时候你可能为了解决某个问题而做出决策，结果却事与愿违。所以你要学会做出更好的决策，或许你的人生会由此改变。

利用容纳之窗来避免冲动决策

在做财务决策前，请确保你的神经系统处于良好运行状态。这可以保证你的决策基于理智的认知，而非不理智的"战或逃的应激反应"。

医学博士丹尼尔·西格尔（Daniel J. Siegel）是一名当代精神病学家和作家，在人际神经生物学领域颇有建树，通常认为是他最先提出容纳之窗这一概念的。容纳之窗常常被用于理解或描述正常的大脑或身体反应，特别是经历困境或创伤之后的反应。根据这个概念，我们每个人都有一个最佳的觉醒区间。在容纳之窗的限度内，我们可以调节自己的神经系统，应对日常生活中的情绪起伏，正常进行自我反思、理性思考和冷静决策，而不会逃避或感到不堪重负。

在容纳之窗的限度内，我们的生活效率最高。我们能冷静处理情绪而不失去控制，通过理性思考做出清醒的决定。即使我们正经历焦虑、痛苦、愤怒、伤害，到了容纳之窗的边缘，也通常能够利用一些工具和策略来防止自己脱离"窗口"。

脱离"窗口"会怎样

一个人如果脱离了容纳之窗，就会进入生存模式，而大脑中负责遏制冲动、做出决策和调节情绪的前额叶皮质会停止运作。

这意味着此时你做的任何财务决策都不是真正意义上的决策，而是为了生存不得不采取的行动。这就是为什么有些人明知薪水贷的利率高得离谱，却还要去贷款。

创伤或困境有时会扰乱神经系统，这时你可能会进入过度警觉或过度低迷的状态。当跌出容纳之窗的上端时，你会进入"战或逃"的过度警觉状态，这是肾上腺素激增导致的反应。处于这种状态，你可能会感到强烈的恐慌、愤怒或焦虑，也可能会感到不知所措或失去控制，思绪翻腾、心率加快、消化紊乱或对周围环境过度警觉。

如果你跌出容纳之窗的下端，情绪唤起水平就会下降，你会进入过度低迷状态。该状态的特点是停止反应或僵住不动。你可能会感到麻痹、麻木、空虚、缺乏动力、筋疲力尽或情感剥离。

与大多数人一样，你如果经历过创伤，就可能会以极端方式应对压力（包括财务压力）——从整个人超速运转、备感焦虑，到情感剥离、麻木失魂。

在本章开头的故事中，失去工作的压力让我备感焦虑。我最初申请法学院的决定就是一种战斗反应。在花了整整一年的时间准备后，我才真正看清了这个决定的成本有多高，最终选择放弃。为了用认知做出理性的决策，我需要让自己一直处于容纳之窗内。

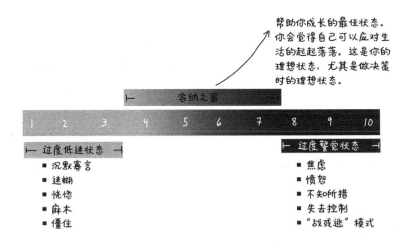

帮助你成长的最佳状态。你会觉得自己可以应对生活的起起落落。这是你的理想状态，尤其是做决策时的理想状态。

容纳之窗

| 1 | 2 | 3 | 4 | 5 | 6 | 7 | 8 | 9 | 10 |

过度低迷状态
- 沉默寡言
- 迷糊
- 恍惚
- 麻木
- 僵住

过度警觉状态
- 焦虑
- 愤怒
- 不知所措
- 失去控制
- "战或逃"模式

多年来我都没有赚到足够的钱，这让我感到很痛苦。更糟糕的是，明明经济条件不允许，我还做出了错误的财务决策。后来我终于开始赚更多的钱，但令我惊讶的是，我并没有因此就无师自通，做出更好的财务决策。事实上，我必须弄清楚：既然目前的财务决策并不能将利益最大化，为什么我仍在做这样的决策？明明买得起使用寿命更长、总成本更低的优质产品，为什么我还在买便宜劣质的家具或衣服？它们的使用寿命很短，必须不停更换，总成本其实更高。为什么我有时还是那么冲动？最终我意识到，我的决策模式与我过去对自己的信念息息相关。现在，我可以清楚、冷静地告诉你，我是如何利用容纳之窗来进行决策的。

调整身心状态，确保自己身处容纳之窗

身处容纳之窗，无论出现何种刺激因素、压力源或环境问题，你都更有可能做出理性的财务决策，因为你会察觉自己的情绪，发掘自己的动力。

这一点尤其重要，因为日常生活中出现的任何一种创伤都有可能在理财中体现。有些人畏惧权威人士，因而难以与银行家、会计师、理财规划师沟通或互动；有些人对背上学生贷款或被遗弃造成的创伤感到羞耻和愧疚，从而难以将自己的真实情况告诉伴侣或至亲。如果这些人受到不稳定性和不确定性因素的刺激，他们就可能会做出错误的财务决策，就像我一样。他们本以为一切尽在掌握，实际上却没有权衡真正的风险。如果有些人在充满冲突的家庭长大，那么他们可能会通过网购衣服来安抚自我。多年后，这些人经历了更多的创伤，容纳之窗一再缩小，他们可能会发现网购成了自己的一种疗愈方式。

在日常生活中，你应该了解如何进入自己的容纳之窗。调整身心状态的方法有很多，当你感到自己在窗口的边缘摇摇欲坠时，你可以选择一种健康有效的方式来安抚自我。在每周理财时间开始前，或在进行谈判或棘手的财务讨论前，你可以进入自己的容纳之窗，简单地调整身心状态。你可以进行以下活动：呼吸练习，这个方法随时随地都能用，很简单却又很有效；剧烈运动或其他类型的体育活动，比如散步、跑步或骑自行车；听音乐，使用解压助眠的重力毯，洗个热水澡或冷水澡，闻闻精油或品品花香；跳舞、哼歌或唱歌；与朋友交际来往，与至亲把手谈心，说说笑笑；做个按摩，简单舒展身体或进行感恩心流练习。这些都是在做财务决策前调整身心状态的方法。你可以尝试其中的一些活动，看看感觉怎么样。

一般来说，向有执照的专业人士（比如治疗师）寻求帮助是一种很好的方式，这能够化解创伤，助你提高做出财务决策的能力。我认为每个人都应该探索这些疗愈创伤的方法，因为有时我们甚至不知道造成创伤的经历是如何跨越时空并控制我们当下的行为的。

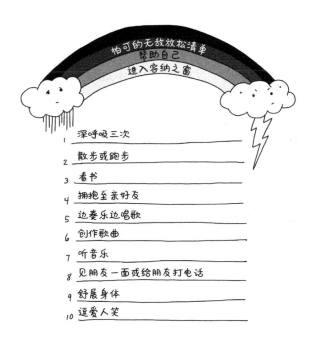

帕可的无敌放松清单
帮助自己
进入容纳之窗

1 深呼吸三次
2 散步或跑步
3 看书
4 拥抱至亲好友
5 边奏乐边唱歌
6 创作歌曲
7 听音乐
8 见朋友一面或给朋友打电话
9 舒展身体
10 逗爱人笑

调整身心状态后，利用思维工具来分析决策结果

二阶思维可以有效地检验决策产生的长期结果，也可以进一步思考一阶思维的决策会产生什么结果。决策产生的结果就像多米诺骨牌，我们做出决策就像推倒第一枚骨牌，而二阶思维就是思考第一枚骨牌倒下后会发生什么。在我决定申请法学院后，一阶结果是

每月要偿还债务，二阶结果是债务可能会影响我的情感关系，也关系到我是否能自由地选择法律之外的工作。我还想到了一个三阶结果：如果我为债务所困，那么这种压力会对我的身心健康产生怎样的影响？

只要考虑到二阶和三阶结果，你就可以看清财务决策所需的真实成本。这个方法可以系统地改善理财思维、提高决策能力。只要问问自己"然后会发生什么"，你就能预见多种可能性，无论好坏。

二阶思维看似简单，实践起来却并不是那么容易。它迫使你在看似毫不相干的事物之间寻找联系。久而久之，你就可以用这种系统性的、循序渐进的方式思考问题。一旦拥有这种思维方式，你或许就会预见到，若要取得某种特别好的二阶结果，就必须接纳不太理想的一阶结果。

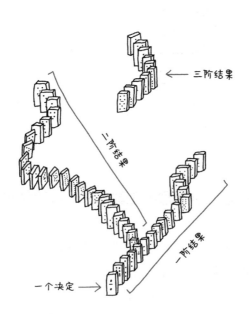

这个思考过程可以帮助你驾驭本书其他部分提到的各种财务决策，比如如何对待债务和财富，以及随之而来的结果。我坚信，能创造多少财富，很大程度上取决于个人的决策能力。决策是控制圈中为数不多的我们能做的事情，因此决策方法很重要。

在做财务决策时，你可以预测二阶和三阶结果，详细讨论或在日记中记录下来。重要的是，只有处于冷静且理性的状态，你才能有余力研究自己的决策及其结果。

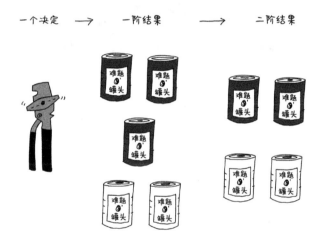

练习

尝试新的决策方法

- 列出你的放松清单，帮助自己进入容纳之窗。

你的无敌放松清单
帮助自己
进入容纳之窗

1 _____
2 _____
3 _____
4 _____
5 _____
6 _____
7 _____
8 _____
9 _____
10 _____

- 下次做财务决策前，用这张清单调整身心状态，确保自己身处容纳之窗，然后使用以下模板（或类似模板）来分析决策的一阶、二阶甚至三阶结果。

挣钱不易，管好你的钱

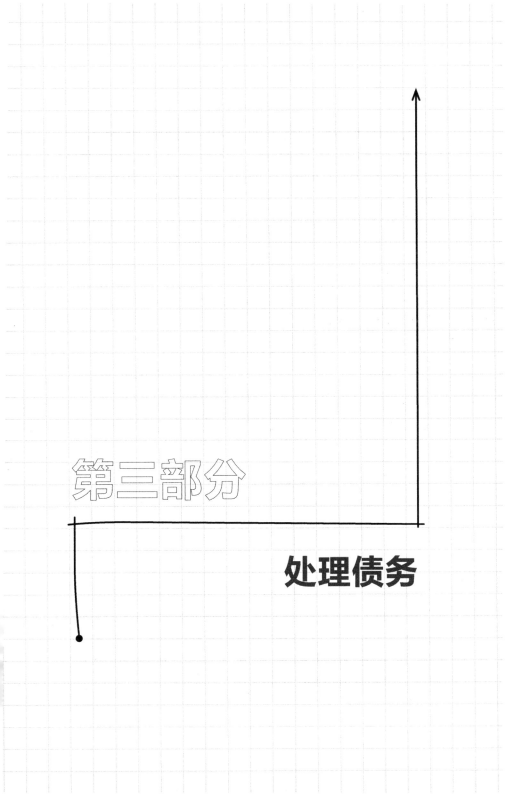

第三部分

处理债务

早在人类发明"债务"一词之前，债务的概念就已经存在，其在宗教传统中与"原罪"之类的概念相关。你如果出生在一个世俗家庭，那么仍然可能会被告知需要偿还对社会或父母欠下的债务。在人类将债务归入经济和金融领域之前，债务的概念就已经存在了。

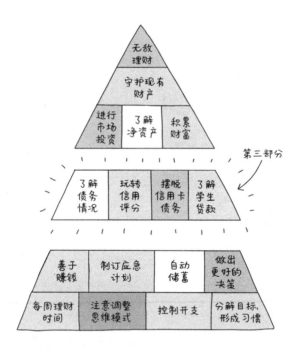

在第三部分，我将探讨人类与债务的关系，帮你重塑对债务的看法，以便你将精力用于偿还债务或利用债务带来益处。我会告诉你如何玩转信用评分、处理信用卡债务、处理学生贷款、做出合理的贷款决定。在本部分结束时，你将对无敌理财金字塔这一复杂精密的结构有更深入的了解。任何时候，债务都是风险与潜在回报共存的，因此，是否贷款最终还是取决于你。

第九章

重塑债务观

　　一些人类学家认为人类负债的时间比拥有金钱的时间更长。但也有一个未经证实但广为传播的故事让我们相信是先有钱再有债的。我们之所以在学校里学到了这个没有依据的说法，主要是因为一个白人男性把它写在了一本书里。这个人就是现代经济学之父亚当·斯密（Adam Smith），这本书就是他在1776年出版的《国富论》。他在书中讲述了一个关于金钱起源的故事。虽然这种叙述已经非常普遍，但许多人类学家和经济学家都认为该故事是虚构的，没有任何证据可以支撑。

　　这个故事是这样的：在新英格兰某个不起眼的小镇集市上，人们常常以物易物。一个面包师和一个铁匠带着货物去集市交易，一个用面包换苹果，一个用马蹄铁换奶酪。这听起来像是最初的"火人节"①，不是吗？然后，亚当·斯密描述了物物交换的经典困境：两个商人想以物易物，但当交换愿望不同时，问题就出现了。

---

① "火人节"起源于美国，是反对消费主义、颠覆传统的盛大狂欢，节日最后一天，人们会围观一个巨大的木质男雕像燃烧，以激进的方式表达自我。——译者注

比如，你想用鸡蛋换些羊奶，但羊奶商人不需要你的鸡蛋。这该怎么办？也许你会问羊奶商人想要什么，然后进入交易循环的怪圈。鸡蛋换帽子，帽子再换羊奶？亚当·斯密认为，这种困境是货币起源的关键，创造货币就是为了解决这种易物问题。

人类学家大卫·格雷伯（David Graeber）在《债：5000年债务史》一书中说，这个关于货币起源的故事是经济学课和历史课上经久不衰的话题，它也常见于各种关于以物易物的古老传说和货币起源论。

格雷伯在书中引用了经济学家阿尔弗雷德·米切尔·英内斯（Alfred Mitchell-Innes）的观点。米切尔·英内斯是货币起源论的反对者，他认为以物易物并不是商品交换的常见方式，货币也不是在以物易物的基础上产生的，更没有因此产生信贷（债务），这种说法不仅大错特错，事实上还非常落后。

早在新石器时代和青铜时代（约公元前8000年至公元前800年），古美索不达米亚地区的交易就能够证明这一点。在那个时代，交易大多是基于信用的。虽然神庙的官员会使用银子，但银子更常用于衡量人们的债务，而非作为还款及交易方式。人们可以用身边的任何东西来偿还这种债务，比如薏米。举个例子，如果一个巴比伦人去到了美索不达米亚地区的一个酒馆，他会采用记账的方式消费，等到谷物丰收的时候进行偿还。这种思维方式就是货币的信用理论。正如格雷伯在书中所说：

信用理论研究者坚称货币并不是一种商品，而是一种记账工具。换而言之，货币不是一种"物品"。你无法触摸到一小时或一立方厘米，同理，你也无法触摸到一美元或一马克，货币的单位仅仅是一个抽象的衡量单位。信用理论研究者也道出了一个事实：在历史上，这种抽象计量体系的出现远早于货币在交易中的使用。

　　显然，接下来的问题是：如果货币只是一个衡量标准，那么它衡量的对象是什么？答案很简单：债务。实际上，一枚硬币就是一张欠条。尽管纸币在传统意义上只是一个承诺，或者应该只是一个承诺，用以保证日后会支付一定数量的"真正货币"（黄金、白银等）。但信用理论研究者认为，纸币代表的承诺是支付与一盎司黄金等价的某种物品。这就是货币的全部含义……从概念上说，把一块黄金看作一张欠条的做法让人难以理解。但它肯定是正确的，因为即使在使用黄金和白银硬币的时候，这些硬币也很少以金属本身的价值来流通。

　　根据信用理论研究者的说法，人们创造货币，并不是为了将其作为一种优于以物易物的交易方式。事实上，货币可以说是债务的低级版本，有点儿像小时候在商场玩街机游戏赢来的游戏券。理论上，这些游戏券是电玩城打出的欠条，你可以用这些游戏券在奖品商城里兑换铅笔，或者兑换一些塑料小玩意儿。这些小玩意儿让父母看到就烦，而且很劣质，还没等你拿到家就坏了。

假设你是一名网页设计师，为客户Acme公司设计了一个网站。Acme公司没有给你钱，而是给你打了一张欠条。你可以等到它还清债务后撕毁欠条，也可以用这张欠条来抵上自己公司的欠条。你如果正好有一张由Cool律师事务所开具的尚未结清的法律工作账单，就可以把Acme公司的欠条给它，然后Cool律师事务所就可以用这张欠条来偿还它欠Hell Yeah税务所的债务。如今与Acme公司有债务关系的就成了Hell Yeah税务所。

如果Acme公司不还清债务，各家公司又认可欠条的价值，接受凭欠条交易，那么欠条实际上就是有效的货币。你能跟上这个思路吗？

你可能会好奇为什么要理解这个问题。因为一旦理解了它，你就能对债务产生新的认识。同时我们还要认识到，债务深深根植于人类历史，没有债务就没有货币。接受了这个事实，我们就能思考是否能够重新采取那些更加以人为本的借贷方式。我希望我能解答这一点，但我能提供的仅仅是一种思路，帮助你从不同的角度来思考债务问题。在这一章中，我只想简单地探讨一下债务问题，并且提供一些看待债务的不同视角。

现代资本经济若要持续增长，债务就是危险的必需品

债务是经济发展的必要条件。债务和货币就像火和酒精一样危险。火是伟大的，它为我们提供了光和热，让我们能够在高温下烹煮肉类。但若不对其加以控制，甚至往里添加助燃剂，就会造成不可逆的破坏。

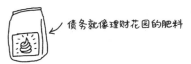

债务就像理财花园的肥料

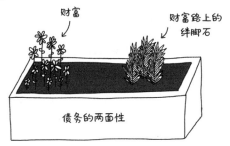

财富

财富路上的绊脚石

债务的两面性

债务可能有助于人们积累财富，促进整体经济增长

债务也可能会让人散尽家财，阻碍整体经济增长

承担债务能让企业赚到更多的钱；办了贷款，人们才能买得起更好的房子。当然，不理智的贷款行为，拆东墙补西墙的做法，或者过度超前消费，都会导致不必要的债务负担。2008年的次贷危机就是这样产生的。

只要人类还在追求发展和进步，只要孩子还在追求比上一代更好的生活，只要人们还在享乐跑步机上奔跑，只要贫富差距依旧存在，债务就会一直存在。因为并不是每个人都能在不贷款的情况下负担得起教育以及住房这类资产的，这就是现实。

负债并不是智力低下或者道德败坏的恶果，它是人类历史的一部分

历史上的各种宗教和文化普遍认为，偿还债务是借款人的道德

义务。借款人如果不这样做，无论出于何种原因，就是不负责任，不讲道德。而我认为偿还债务就像洗碗。我们洗碗不是出于道德义务，而是因为不想承受其带来的不良后果。如果不洗碗，蟑螂和老鼠很可能会肆意横蹿，令人作呕。糟糕的信用评分和滞纳金就像蟑螂和老鼠一般令人生厌，催账电话也让人心烦意乱。

道德义务一直是人类历史的核心主题，金钱只是一种表达方式。在古代文化和文明中，人们会向神明奉上钱币，或者用动物和人献祭来偿还对神的债务。债务是基督教的信仰根基。亚当和夏娃吃了伊甸园里的苹果，使人类成为戴罪之身，永远欠着上帝的债务。即使这笔债务已经通过耶稣之死一笔勾销，人们仍然想努力证明自己是守信的。

早在16世纪，债务便与道德和金钱交织在一起。当时天主教会提出人们可以通过购买"赎罪券"来减少他们的债务。[1]虽然新教徒在宗教改革期间脱离天主教会，但债务和道德义务的观念并没有消失，只是换了一种形式出现。一位名叫约翰·加尔文（John Calvin）的牧师和宗教改革家认为，贷款人收取利息是合理的，因为借款人通过这些借款取得了收益。事实上，通过支付利息将部分收益还给贷款人是最公正的行为。[2]对的，你没听错，是"最公正"的行为。几个世纪以来，人们一直在思考债务和道德义务之间的关系，这也导致几代人对债务的态度扭扭捏捏，多有责难。

负债并不是智力低下或者道德败坏的恶果。我在大学毕业后找到过一份工作，但我在那里待了三个星期就无法忍受了，因为我干的工作实际上是金融业最见不得光的一部分。真的，我意识到整个行业都不太道德，所以在完成三个星期的培训后就离开了。在培训期间，我不小心听到我的同事打电话向老人推销坑人的金融产品。这些金融产品一塌糊涂，连垃圾都不如。我很后悔没有在意识到这点的那一刻就立马离开，而是因为过于震惊，所以花了点儿时间去消化这一切。我听到我的同事为了获得提成，劝说一位老太太用需要9年还清的车贷来偿还信用卡债务，或者劝说那些几乎不会说英语的人去申请房屋抵押贷款。

在打电话的间隙，这些销售老手会抱怨公司的新规定导致他们不得不如实陈述贷款申请的相关事项。他们对此很生气，因为现在借款人需要提供工资单来证明其有足够的收入来支付这笔贷款（但我不知道他们是否真的付得起）。我的同事坦率地告诉我，这些新规定给贷款审批和他们顺利拿到佣金造成了阻碍，还抱怨赚钱变得不那么容易了。

那些曾经跟我在同一个地方上班的人（我实在不想把他们称作同事），大多都不太聪明。我能想到的对他们行为的唯一合理解释就是，他们并不能完全理解他们所销售的一些金融产品，也不能完全理解当借款人选择这些垃圾贷款后，会对他们自己、对整个行业甚至对全球经济产生什么恶果。

如果智力不足是陷入债务的罪魁祸首，那么那些故意推销垃圾贷款，把一些狗屁都不如的垃圾伪装成金融产品的公司和员工自然也难辞其咎。而建立这样一种激励机制来驱使人们以这种方式行事，无疑是对人类智力、道德和创造力的摧残和戕害。负债累累并不仅是个人的责任，因为这个机制本身就在诱使人们陷入债务困境。

负债或避免负债都可能是未治愈创伤的后果

带着创伤生活，就像明知道鞋里有块小石子，但还得穿着它走路。要想摆脱这块小石子带来的痛苦，最有效的方法显然是脱掉鞋子，将其取出。从心理学的角度来看，取出这块小石子可能需要时间，还需要进行咨询、治疗，并了解什么因素会触发创伤。

你如果不取出小石子，就可能需要改变走路的姿势来避免疼痛。你可能会一瘸一拐，或将脚的重量放在一侧，或以其他不舒服的方式进行补救。如果长期这样做，可能会有一些不好的后果，比如脚上生出水泡或老茧，或者由于步态的改变，膝盖或髋关节出现问题。

由此可以看出，创伤的力量非常强大。如果我们不花时间面对它、努力克服它并剔除它，它可能会牵制我们的行为，并以各种奇怪的方式表现出来。人们对债务的态度能够体现出他们在生活中遭受的创伤。遭受过折磨的人可能会觉得自己毫无价值，因此他们会通过刷信用卡来购买一些昂贵的东西，从而证明自己的价值和存在意义。一个经常处于负压状态的人可能会过度消费，以打消负面情绪。如果对外界缺乏安全感，购物可能会让你觉得你在保护自己免受外界的潜在伤害。

本书第一章探讨了创伤对人们看待和处理金钱的影响。不妨让我们再次从这个角度出发去思考债务。如果你有陷入和摆脱债务的经历，那么你也许会发现创伤才是根本原因。如果你对此有共鸣，那么我鼓励你去探索并找到一条适合你的疗愈途径。对于那些感觉自己被困住并不断重蹈覆辙的人来说，治愈创伤可能是取得真正进步的第一步。

让你负债累累的行为、想法和态度不会让你轻易摆脱债务

这一点值得深入探讨。对于主观选择借债，而非受客观因素影响而借债的人来说，要想摆脱债务，需要汲取新想法、新观点和采

取新做法，有时甚至还需要抛弃以往的观念，弃旧图新。一些为债务所困的人，可能会开始转变思想，不再像以前一样只会怨天尤人，即使负债累累，仍然有勇气面对现实，承担起自己的责任。这种责任感会自然而然地让他们重获能量，而全新的态度会让他们事半功倍。

如果你是因为自身行为习惯等主观因素而负债累累，并不是由于重大疾病等客观因素，那么要想摆脱债务，你需要做出改变。如果你从未要求加薪或协商薪酬，那么我建议你尝试去谈谈薪酬，虽然我很少这么做。

你需要改变消费观等态度。与其不停消费，何不尝试不断创造？何不在艺术、音乐和美食的世界里徜徉，通过不断地创造来追寻身心的宁静与轻松？也许你会转变态度，从"我会解决这个债务问题"变为"也许我应该寻求专业人士的帮助"。

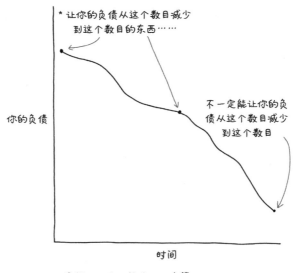

* 让你的负债从这个数目减少到这个数目的东西……

不一定能让你的负债从这个数目减少到这个数目

你的负债

时间

* 思想、行为、想法、观念等

换个完全不同的角度看待债务

我们不是活该遇到那些倒霉的事情，但如果避无可避，就应将其视为"礼物"，能带来改变、让我们吸取教训、赋予生活意义的"礼物"。即使债务让你焦头烂额，与你当初做决定时的设想背道而驰，也请你换个角度，从好的方面想想。你肯定会认为我乐观过头，但我如果遇到困难，就会想办法往好的方面看，提醒自己事物都有多面性。我们在自己走运的时候很容易将这一切看作上天赐予的"礼物"，比如看到小狗微笑，或者在事故中幸免于难，但当我们爱的人生病，或者意识到自己的债务多么沉重时，我们就很难在陷入困境的同时保持乐观。这就是生活的双面性，如果没有咸、没有苦，没有其他任何味道作为对比，我们又怎么能感受到生活之甜呢？

对于那些能积极地看待负债经历，从中有所收获的人来说，债务就是成功路上的垫脚石，成就了如今的自己。因为他们通过负债解决了缺钱的问题。他们需要从这段经历中吸取教训，同时面对一个更深层次的问题——如何全面改善自己的生活。通过克服困难，他们证明了自己的能力。他们选择做自己控制圈内的事情，并告诉自己可以做到，这重塑了他们的观念。

学会对逆境心怀感恩需要时间。如果你暂时看不到债务带来的"礼物"，我很能理解。也许最佳办法就是秉持寻找"礼物"的想法，久而久之，你可能会在某一时刻恍然大悟，最终有所收获。在能从债务中找到"礼物"之前，你可以练习感恩心流，对目前已经拥有的一切心怀感恩。

记住，心怀感恩可以帮助你缓解人生旅程中的压力，控制心情、稳定情绪。找到这份"礼物"并不意味着你没有理性地意识到因经济制度中的不平等而产生的危险和不公。相反，这份"礼物"可以帮助你面对逆境，处理好债务，存更多的钱；同时给你喘息的空间，让你充满活力，高效应对问题，对当前拥有的东西投入更多精力，而不为没有的东西浪费时间。感恩就像电灯开关，打开开关，灯一亮，你就能发现自己从没注意过但其实一直存在的东西。

借债是用来积累财富而不是维持日常生活的工具

借债对债务双方都存在风险。还记得古美索不达米亚地区的酒馆吗？农民们会在庄稼收获后付清账单、还清债务。这听起来很简单，对吧？但这种债务制度的问题在于，如果庄稼收成不好，那怎么办？农民们可能会违约，向富人欠下高额的债务，深陷绝望之中。许多人得用农场甚至亲人作为抵押，换取高利贷。在此情况下，用借债来维持日常生活、应对收成的不确定性，会酿成灾祸，造成社会动荡。

如今，仍有许多人通过借债来维持日常消费。这是由多种多样的系统性因素造成的，所以我无法给出一个全面的解决方案。对于那些入不敷出的人而言，方法很简单，要么多赚钱，要么少花钱，或同时做到这两点。但也有很多人本身收入就很低，一直生活在阶级歧视、种族主义和奴隶制的历史阴影之下。在真正解决根源问题之前，还会有人靠借债来维持生计，因为他们别无选择。如果你有幸避免或解决了收入不足的系统性问题，那么你可以有效利用债务杠杆，而不是被迫借债。

在理想状况下，人们手头的现金足以满足日常消费所需，并不需要靠刷信用卡度日。而且他们希望未来的收入足以还清债务，这会促使他们有意识、有策略地利用借债来获取更高的收益。如果我们将债务视为一种投资，投资未来可能增值的东西，这就叫作"明智的债务"。比如，我们申请商业贷款是希望通过融资来获取资金、扩大经营、增加盈利；贷款买房是因为预计30年后房价会上涨；申请学生贷款是因为这能帮助我们完成学业，找到更好的工作。

常见债务类型

通常来讲，某些债务会比其他债务更加划算。但毕竟借债的本质是"欠债还钱"，所以究竟选择哪种债务，就像是在下列情形中做选择一样：

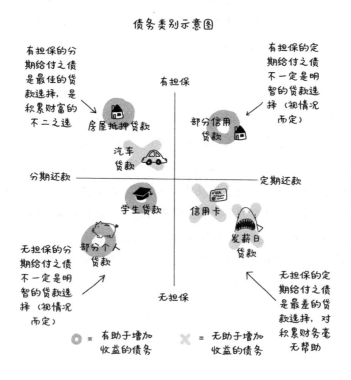

债务类别示意图

挣钱不易，管好你的钱

一是让人朝你脸上打一拳，那么你在一个月前买到并已经吃掉的杯子蛋糕就不用付钱了。

二是让人踹你一脚，作为交换，你能开车上班。

三是让人每个月把你从楼梯上推下去一次，这样你就能拥有这段楼梯和整座房子。

有担保与无担保债务

有担保债务是指以资产等有价值的东西作为抵押的一类债务。因为抵押品降低了贷款人放贷的风险，所以债务的利息通常较低。如果借款人无法偿还欠款，那么贷款人有权没收并变卖抵押品，用所得价款受偿。汽车贷款就是一个很好的例子。与之相对应的是无担保债务，它没有抵押品，比如学生贷款和医疗债务等，贷款人是无法没收借款人已经获得的教育知识或医学治疗的。

定期给付与分期给付之债

定期给付之债通常会根据借款人的情况来设定一个最高借款金额，但实际借款金额并非一定要达到该限额。信用卡债务就是一个常见的例子。像月供一样，还款利率可能会根据具体的借款和还款金额上下浮动，最终的还款总额会随之变动。在开始使用信用卡之后，一旦还钱速度跟不上借钱速度，你就有可能终身负债，这就像老鹰乐队《加州旅馆》里的歌词一样：你随时都可以结账，但永远都别想脱身。非定期贷款，即分期给付之债，允许一次性借一定数额的钱，并且在设定的还款时间内分期偿还。

脸上挨一拳和背后挨一脚，你选哪个

综合来看，我们可以将不同债务按照推荐优先级由高到低的顺序排列。

首选有担保的分期给付之债。房屋抵押贷款属于有担保的分期给付之债，相对而言，此类债务是最佳选择。因为你的投资会流向房产净值，帮助你实现房产增值。但作为借债人，你仍然可能会陷入无法还款的困境，此时可以用抵押品代替。汽车贷款通常也属于该债务类别，但随着时间的推移，汽车会贬值，所以从理论上看，这是一笔糟糕的投资。如果你考虑借钱，那么分清贷款类别十分重要，同时还需权衡其他因素。

无担保的分期给付之债位列第二（与有担保的定期给付之债并列）。此类债务一般包括医疗债务和学生贷款。过去许多年里，有人借助学生贷款完成了学业，提高了自己的市场竞争力，确保自己有更好的就业前景。但这项投资的结果却不尽如人意，因为很多人并没有获得预期的回报。由此看来，贷款时你需要斟酌贷款成本与投资回报。

有担保的定期给付之债位列第三。这类贷款的典型例子就是房屋净值信贷额度，它将借款人的房产作为抵押品，借款金额不得超过某个最高限额。

无担保的定期给付之债是最次之选。信用卡属于无担保的定期给付之债。如果每月能定期还款，那么使用信用卡是非常方便的，反之，情况就会急转直下，像滚雪球一样越来越严重，因为此类债务既没有担保，又需要定期还款。由于定期给付型债务允许更改借款限额，因此你借的钱很容易超出自己的偿还范围。再加上它是无担保的债务，利息更高，借债成本也水涨船高。如果借债时没有资产作为抵押，那么你得来的一切都只能算作负债。

发薪日贷款自成一类。这是将你拖入地狱的垃圾贷。申请发薪日贷款无异于与魔鬼做交易，你必须在很短的时间内将欠款全数偿还，比如几个星期，而且借款的利息很高。发薪日贷款的放贷人本质上等同于合法的高利贷者，他们的猎物通常是那些无法通过其他渠道获得信贷，走投无路的人。他们就像罪犯一样，想方设法诱人借债。我深知，此类债务就像创可贴一样，是对更大的系统性问题的修修补补，但我并不赞同将该债务的存在合理化，让人离不开。

对债务进行分类有助于你理解贷款的运作机制，这一点在决定是否要借债时格外重要。若你打算借债，除考虑债务类型外，你还应考虑自己的偿债能力，并将债务成本同这笔债务能为你带来的财富进行比较。在后续章节，我们会进一步探讨这些问题。

了解负债的情绪成本

处理债务可能会引发心理健康问题，或加剧你原有的心理健康问题。处理好债务也可能会让你舒心不少，不过在情绪好转之前，种种麻烦或许会先令你心烦意乱。你如果容易出现心理问题或产生焦虑，就应当考虑负债会对你的心理健康和幸福指数产生怎样的影响，或者已经产生怎样的影响。在负债的情况下花钱做心理治疗和咨询，似乎不太符合常理，不过也有一些经济实惠的选择。你可以找个浮动收费①的心理诊所，或者选择即将完成学业、取得执照的心理学学生做你的治疗师。

---

① 浮动收费是指根据客户的收入水平、支付能力等，对相同产品或服务收取不同的费用。
——译者注

（图中文字）

情绪收费站

警告：在情绪
好转之前，你
可能会先心烦
意乱

挣钱不易，管好你的钱

练习

重塑债务观

- 你有哪些关于债务的儿时记忆？

- 因为那段记忆，你形成了哪些关于债务的观念或规则？

- 重新审视那段记忆，你有什么新收获？

- 如果你曾经负债或正在负债，并为此惭愧不安，请给你的债务写封信，向它倾诉你的感受，你会发现自己百感交集。不妨感谢你的债务，因为它也为你带来了新的际遇。你可以参考Deardebt.com上的案例，寻找一些灵感。

- 债务是否影响了你的心理健康？如果是，你应当怎样应对，可以从哪里寻求帮助？

信用评分的作用机制，以及怎样玩转信用评分

　　我对信用评分颇感兴趣，同时百思不得其解：区区三位数字，竟能帮助贷款方判断我们还钱的可能性，决定我们的信用度。没错，只要我们想贷款、租房，有时甚至只是想找工作，就躲不开这个评分体系，它决定着我们是否值得信任。

　　1956年，费埃哲公司推出了这套我们所熟知并被迫参与其中的信用评分体系。费埃哲公司的创始人比尔·费尔（Bill Fair）和厄尔·艾萨克（Earl Isaac）想出了一套预测贷款后果的系统性方案。这套方案使用以费埃哲公司简称命名的FICO评分来划分信用风险等级，并用一套衡量各方面因素的算法来计算信用评分。迄今为止，费埃哲公司仍然牢牢把控着这套算法。

　　如果你循着"为什么要使用信用评分"的逻辑来思考，你就会觉得信用评分的存在似乎合情合理：贷款方得相信我们会还钱。但问题在于，信用评分体系鼓励人们借债，这点同监管机构存在利益冲突。信用评分体系要了个小把戏：我们作为个人其实并不是它的客户。没错，朋友们，正如我们是社交媒体的产品一样，对于信用评分体系来说我们也是产品。怎么样，是不是大吃一惊？

　　把钱借给个人的贷款方、债权人才是这些个人征信机构，或者说信用报告机构的客户。征信机构将我们的信息出售给贷款方和债权人，贷款方和债权人则使用获得的数据来计算贷款成本，并决定是否向我们发放贷款。从征信机构的角度来看，若要确保收入源源不断，最好的方法莫过于鼓励人们多从不同的信贷机构借债，以维持较高的信用评分。要想提高信用评分，你就得付出代价。你申请越多机构的信用额度，信用评分被审查的次数就越多，费埃哲公司和其他信用报告机构当然就可以收取更多费用。

你可以把信用评分看作一种工具，它用数学方法衡量信用，以此来营造公平的竞争环境。这种算法或许简化了风险计算，但却没有考虑到某些不由我们控制的情况。算法是非黑即白的：错过了还款期限就是错过了，至于原因是你病重得无法工作还是拿还贷的钱去赌博，根本无关紧要。不管是什么原因导致的过失，都需要很长时间来弥补。例如，如果你因失业而无法按时还款，信用评分就会降低，而且债务违约记录会在信用报告中保留7年之久。

如此一来，这种信用评分方式就可能导致原本最需要获得信用贷款的穷人反而因贫困受罚。穷人依赖信用贷款，但贫困意味着财务状况不稳定，因此债务违约的风险更高，或者申请新的信贷账户的频率更高，而这两者都会影响信用评分，从而导致穷人要获得所需贷款更加困难。

若从种族平等、经济平等的角度考量，目前的信用评分体系更是凸显了一个切实存在的根本性问题：种族主义政策的遗留问题增加了拉丁裔和非洲裔人群获取信用贷款的难度，继而引发了一连串其他问题，例如让这些人被迫成为掠夺性贷款①的受害者。

---

① 掠夺性贷款是指通过欺骗、胁迫、诱导等不道德手段，让借款人接受不公平的条款，或者滥用贷款条款。其目标往往是不了解信贷市场、信用水平较低的弱势群体，而且会造成严重的个人损失。——译者注

挣钱不易，管好你的钱

改革信用评分体系要从根本入手，既要纠正征信机构的逐利心态，也必须考虑到有太多人依赖信用贷款生活，他们的生计问题需要解决。我很明白，如果带着批判性思考去放眼观察，就会看到当前的信用评分体系似乎有颇多缺陷。但有时我们得知道个人力量实在有限，提出批评已经为解决这些重大的系统性问题开了个好头。不过，在这些问题真正得到解决之前，我们仍然可以发挥主观能动性来维持良好的信用。总有一些事情是在我们的控制圈之内的。

信用评分不是唯一

在开始详细讨论怎样维持良好的信用评分之前，我们要牢记不要过于执着这一点。当我们能够用明确的数字来衡量自己与他人的差别时，我们就很容易过度关注这些数字。如果过去你没有认真对待自己的信用评分，那么现在想要补救就要花费很多时间和精力，但总会有办法的。我们要尽量维持良好的心态，在意识到自己有能力影响自己的信用评分的同时，也要了解整个信用评分体系的激励机制并不合理、有待改进。

我可以理解人们为什么如此执着于信用评分，它就像上学时的考试成绩一样。但请记住，虽然成绩是清晰直观的，但这并不代表其他无法以数字衡量的事物就不如它有价值，比如你的爱好多有创意，或者你的伴侣多爱你。如果你对信用评分的痴迷已经到了不健康的地步，一定要提醒自己，它只是这个愚蠢的现代世界的一个工具，是两个不知从哪里冒出来的家伙很久以前编造出来的，它很重要，但生活中的其他事情也同样值得关注。为了防止自己过度关注数字，我的方法是从玩游戏的角度看待信用。

玩转信用评分

学会玩转信用评分是很重要的，因为这将影响你能在多大程度上做到以下几点：

- 租一间公寓或一座独栋住宅。
- 你的公寓或住宅能够正常供水通电。
- 购买手机。
- 买车。
- 买房。
- 为大笔开销或创业获得贷款。

信用报告与信用评分

信用报告包含你所有的信用记录和借贷历史，而信用评分是指根据信用报告中的信息，利用评估信用风险和信用度的特定算法，计算出的一个三位数字。

信用评分与信用报告

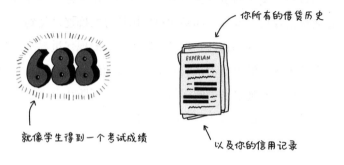

你所有的借贷历史

就像学生得到一个考试成绩

以及你的信用记录

挣钱不易，管好你的钱

如何计算信用评分，可以说是个秘密

弄清信用评分的计算方法就像试图破解可口可乐的机密配方一样困难。难题主要在于，实际的计算方法并不是公开信息，还会（而且已经）随着时间的推移而改变。我们能知道的是征信机构会考虑哪些要素，以及每个要素的权重。虽然信用评分的计算方法时不时会发生变化，但有5项一直以来都是决定一个人信用评分的重要因素。在明白了这一点之后，你可以随时在MyFico.com网站上查看信用评分计算要素是否发生了变化，以及发生了什么变化。

在撰写本书时，这5项要素及其权重分别是：还贷历史记录占35%、信用额度使用度占30%、信用历史记录长度占15%、新开信贷账户占10%、信贷类型占10%。

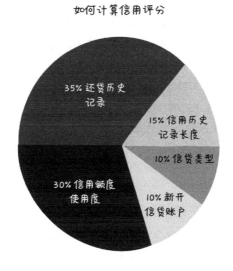

如何计算信用评分

35% 还贷历史记录

15% 信用历史记录长度

10% 信贷类型

10% 新开信贷账户

30% 信用额度使用度

还贷历史记录占35%

顾名思义，还贷历史记录反映的就是你偿还借款的情况。比如，学生贷款的贷款方或信用卡公司每个月都会向征信机构报告借款方的还款记录。美国有三大个人征信机构：益博睿、环联、艾可菲。

历史小知识：美国三大个人征信机构的起源

目前美国影响力最大的个人征信机构有三家。曾经有一些规模较小的地方企业，它们主要瞄准各自所处的西部、中西部、南部以及东部市场。后来，有三家大型机构开始大举收购这些小型企业，覆盖的区域越来越广，最终成为全国性的征信机构。

尽管这三大机构是信用报告市场的主要参与者，但仍有数十家提供针对性服务的小型信用报告机构服务于不同的细分市场。

这三大机构提供的报告常有不同。这是因为有些贷款方只向一家机构报告借贷活动；有些贷款方或许会同时报告给三家，但因为汇编数据的时间不同，最后呈现的结果也不尽相同。

在撰写本书时，拜登当局已经表示有可能会设立公立信用报告机构，以改革信用报告制度。在改革真正落实为法律之前，我们无从知道细节，但即使整体制度发生了改变，了解信用评分的作用机制及其对我们生活的影响依然十分重要。

由于还贷历史记录在信用评分的计算中占35%的权重，所以即使只错过一次还款，也会对你的评分产生巨大影响，而且是长期影响。错过或逾期还款记录将会在你的信用记录中保留长达7年。[1]不过好消息是，只要你开始定期支付最低还款额，随着时间的推

移，逾期还款对信用评分的影响就会越来越小。

逾期还款多久会计入信用报告？贷款方通常每30天报告一次还贷历史记录，而且一般只报告延迟至少30天的逾期还款记录。也就是说，如果你只是晚了两天偿还信用卡，你大概率只需要交一笔滞纳金，而你的信用评分不会受到影响。但如果你连续两个月或连续60天没有还款，那么你将被报告两次：前一次是逾期30天，后一次是逾期60天。

信用额度使用度占30%

信用额度使用度指的是已用额度与总信用额度的比值。请注意，信用额度使用度仅与循环信贷有关，循环信贷即信用卡贷款，又称信用额度贷款，诸如抵押贷款和学生贷款之类的分期偿还贷款并不包含在内。有时信用额度使用度也被称为贷款使用度，二者是同一个概念，下面是它的计算方法：

已用额度 ÷ 总信用额度 ＝ 信用额度使用度

将这个数值乘以100%，你就可以得到百分比形式的数值。[①]

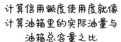

计算信用额度使用度就像计算油箱里的实际油量与油箱总容量之比

如果油箱总容量为20加仑[①]，实际油量为13加仑，那么油箱的使用度就是65%

(13÷20) ×100%＝65%

---

① 美制1加仑约等于3.79升。——编者注

如果你的信用卡总额度是1 000美元，已用额度为300美元，此时信用额度使用度就是30%。一般而言，信用额度使用度越低，信用评分越高。通常认为将信用额度使用度控制在30%以下会比较合适。

你要确保每张信用卡额度和所有信用卡总额度的使用度都低于30%。举个例子，如果你两张信用卡的已用额度之和为2 500美元，总额度之和为25 000美元，此时你的信用额度使用度就为10% [（2 500÷25 000）×100% = 10%]。

个人征信机构根据过往信用行为给用户评分，所以信用额度使用度自然会影响评分高低。如果你经常刷爆信用卡，或长期维持较高的信用额度使用度，就会暴露出一个更严重的问题：你的收入不足以还款。站在贷款方的角度考虑，他们会认为无法还清手头欠款的人不太可信，而缺乏可信度就会导致信用评分较低。

当然，你现在可以马上去信用卡公司提高总信用额度，以此提高信用评分。但你要记住，更高的信用额度也意味着你需要承担更大的责任。如果你认为在没有支出限额的情况下，提高信用额度会让你乱花钱，那么我建议你等一等，等到更能自控或者每月的信用额度使用度都能保持在30%以下的时候再提高额度。

信用历史记录长度占15%

保持良好信用记录的时间越长越好。如果不考虑时间长短，就无法比较两个从不逾期还款的人谁的信用更好。保持二三十年按时还款记录的人就比刚保持一年的人看起来更可信，这就是坚持的力量。

如果你一直以来都很抗拒使用信用卡，那么你可以先试着用信用卡进行日常消费，比如支付水电费和购买日用品。这样用信用卡对你的支出计划影响不大，只是需要你为新信用卡设置账单支付功能并定期检查。

如果你想申请信用卡，那么我建议你选择之前办理过业务的银行。如果你没有信用记录，或刚刚开始建立个人征信，或正在学习如何使用信用卡，那么这一点尤为重要。

新开信贷账户占10%

申请新的信贷账户会暂时降低你的信用评分。我能理解征信机构这样做的用意，它们不希望有人总是申请新的信贷账户。如果完全放开信贷账户申请，就会有借贷过多的风险。但就算理解了征信机构的目的，我也仍然颇感困惑。

金融约束政策会导致缺钱的人比普通人更频繁地申请信贷。每次申请信贷或调用信用报告都会导致信用评分降低，这简直好比贫穷的人因贫穷而被罚钱。尽管其目的不在于罚穷人的钱，但从结果来看就是如此。

但是，你如果正在为房屋抵押贷款或汽车贷款而货比三家，就不必害怕征信机构对你问东问西。征信机构能够通过各种数据和线索来判断你的真实财务状况，而一旦你选好了贷款方，成功申请到贷款，你的信用评分就会再次提高。为了尽可能不对你的信用评分造成负面影响，你有14~45天的时间进行比较和选择。但是我必须重申，调用信用报告是存在风险的，所以如果你想谨慎一点儿，那就在14天的期限内完成一切吧。这意味着，你如果想比较几个不同的汽车贷款的贷款方，就必须在14天内向它们全部提出申请，以尽量减少对信用评分的影响。在这14天内，尽量不要申请其他类型的信贷。

如果你只是一介普通人，并不会花几个小时玩转信用评分系统，那你可能不需要申请新的信贷，一直使用原来的信用卡就好。即便不想再使用信用卡了，你也不要急着注销，而应该每个季度查阅一下信用报告，以了解和掌控自己的财务状况。有时候停用的时间长了，信用卡公司自然会帮你注销。

信贷类型占10%

如果你注定要背上债务，那么从信用评分的角度来看，具有固定性质的债务是比信用卡债务更好的选择。这类固定债务通常要求借款人在固定期限内以固定利率偿还固定的金额。此类贷款的利率通常低于信用卡，只要按时还贷，你终有一日会还清所有债务，而信用卡债务则可能跟随你数年甚至数十年。这就是为什么选择此类贷款比刷信用卡更好。

信用报告中不会出现的内容

你的信用报告只会包含与你有关的债务信息。大多数情况下，贷款方必须向征信机构报告你的贷款情况。但如果你的家人借钱给你，这些债务就不会出现在你的信用报告中。支票账户、储蓄账户和你的投资状况都不会被报告给各大征信机构。

什么是良好的信用评分

信用评分是一种赏罚分明的机制。分数在平均水平及以上，你就会获得较低的利率以及较好的信贷和债务选择；而分数低于平均水平，你就要支付较高的利率以及被迫选择较差的信贷和债务。这二者可能相差数千美元。

不同的信用评分在贷款方那边
有不同的待遇

比如不同的利率和贷款条件

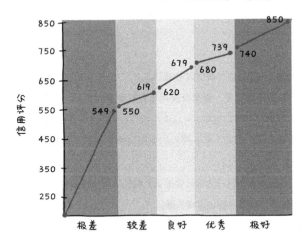

　　以热姆和查利两人为例，他们都想以30年期固定抵押贷款的形式贷款20万美元。假设热姆的信用评分在760到850之间，处于"极好"的范围内，那么他的抵押贷款利率会是3.307%。假设查利的信用评分在620到639之间，处于"良好"的范围内，那么他的利率就是4.869%。在这种情况下，热姆每个月的还贷金额会比查利少184美元。年复一年，查利最终会比热姆多还66 343美元。

　　重新提高信用评分可能需要一段时间。如果你曾经操作不当，使信用评分跌出"极好"的范围，那么你需要的时间可能会更久。但不必太过担心，时间可以治愈一切伤口，也能为信用评分创造奇迹。

练习

了解信用评分

- 查看信用报告，确保其准确无误。

  美国法律规定，美国公民每年有权免费获取一份自己的信用报告副本。你可以登录annualcreditreport.com，这是美国联邦贸易委员会（FTC）唯一授权的免费信用报告获取网站，或致电1-877-322-8228。

  像第一资本这样的银行会提供免费的信用监控服务。你可以看看你的银行是否也提供这样的服务。

- 至少每3个月查看一次信用报告，确保自己没有陷入某种诈骗。在日常生活中，我们会在网络上留下大量的痕迹，数据泄露已成家常便饭。建议你密切关注自己的信用报告，发现报告出错后就尽快更正。你也不想申请信贷的时候突然在信用报告中发现"惊喜"吧！

  ——在电子日历中设置"查看信用报告"的重复事项，或在电子记事簿中记下以后查看信用报告的日期。

  ——查看信用报告时，确保自己了解报告中的所有贷款和信用卡。

  ——如果报告确实有误，可以登录联邦贸易委员会的网站，查看如何更正错误。[2]

第十一章

如何摆脱信用卡债务

在美国，背上信用卡债务再正常不过了，但从各种意义上说，这都挺可悲的。首先，信用卡债务属于一种财务压力源，会引发一连串的后果，就像吸烟一样。吸烟本身就对身体有害，但作为一种压力源，它还会带来更严重的后果。即便你极力维持信用卡债务的还款节奏，可一旦发生不可避免的金融或经济冲击，信用卡债务就会成为额外的压力。其次，信用卡债务是有风险的。高利率和最低还款额意味着债务可以无限增长，你可能会永远背负信用卡债务。

这不该成为常态

我们是如何走到今天这一步的

信用卡是一种相对较新的技术，它帮助人们做的那件事情其实自古有之，只不过让其速度更快、规模更大、过程更隐秘。这就像电子邮件一样：我们一直在交流，但电子邮件让交流速度更快、规模更大、过程更隐秘。社交媒体也是如此。多年来，我们一直在相互比较。这种适应性进化是人类的特征，而非错误。现在，我们可以在更大的范围内更迅速、更隐秘地进行比较。

如今的借贷行为看起来与数千年前美索不达米亚地区的酒馆里发生的交易大不相同。在信用卡出现之前，人们相互借贷，这是人与人之间的交易。而如今，当我们使用信用卡时，我们不知道自己在向哪家大公司借款。这样的借贷系统非常高效，但问题在于，借钱应该变得如此高效吗？

在信用卡出现之前，借贷更多是出于必要。比如，农民会赊购种子，等有了收成，再用收成来偿还之前赊购的商品及其产生的利息。如今，像这样出于某种目的的借贷仍然存在，比如小企业贷款和学生贷款。但与有目的的借贷不同，信用卡是为了鼓励非必要的商品消费。信用卡的前身是由商店发放的硬币状代币和纸质卡片。这样的东西类似常客卡，它并不能让你的第十份冻酸奶免费，而像是那家店的专属信用卡。这种手段既提高了顾客忠诚度，又能刺激顾客进行商品消费。

当然，文化的作用也不可忽视。随着消费品的大规模生产，信用卡的使用和需求不断增长，银行也开始发行能在街区商店使用的信用卡。不过直到美国银行开始大力推广信用卡业务，人们才广泛接受并开始在日常生活中使用信用卡。

1958年9月，美国银行决定在加利福尼亚州的弗雷斯诺镇开展一项试验。它向消费者投放了6万张已被激活但未经本人申请的信用卡。每张信用卡的最高额度是500美元，这个数字在今天看来不足为奇，但那是1958年，买一份报纸也只需7美分。[1]

这一创举被称为"弗雷斯诺式投放"。可想而知，对当地人而言，信件中的信用卡很像是骗子会在圣诞节早上做的事。不过尽管中间出现了一些小插曲，这项试验最终还是大获成功。在接下来的10个月内，美国银行向加利福尼亚州各地共寄出100万余张信用卡。最终，立法机构认定，向消费者发送已被激活但未经本人申请的信用卡是违法行为。美国银行发行的信用卡被称为美国银行信用卡（BankAmericard），也就是现在的维萨信用卡。接下来的故事大家就都知道了。

我们已经在前文了解了爱德华·伯奈斯利用现代营销和广告宣传来激发人们不断膨胀的购买欲的故事。到了2019年，超过70%的美国成年人至少拥有一张信用卡，而美国信用卡消费总额高达9 000亿美元。[2]难道是因为消费品的增加和信用卡的出现才导致我们增加消费，并愿意使用信用卡的吗？是，但也不是。

20世纪70年代以来的几项研究证实了信用卡能够促进消费的猜测。1979年，著名的市场营销和经济学理论家伊丽莎白·赫希曼（Elizabeth Hirschman）针对在某一家百货公司的几家分店里购物的顾客进行了调查。结果发现使用信用卡的顾客比使用现金的顾客花得多，持有信用卡最多的人消费额也最高。[3]多项研究表明，当在餐馆用信用卡而非现金支付时，顾客会付更多的小费。[4]这些研究还显示，信用卡不仅能够刺激消费，还会让顾客心甘情愿地为商品支付更高的价钱。这对普通消费者来说无疑是双重打击，但对崇尚消费主义的人来说，则是双赢。

信用卡交易剖析

对于有了信用卡之后我们就会肆意消费这个现象，有一种简单的解释，那就是因为刷信用卡不会让我们立刻感到花钱的痛苦。刷了信用卡之后，支票或储蓄账户余额不会减少，钱包里的现金也分文未动。刷信用卡是一剂麻醉药，能够短暂消除消费带来的痛苦。

我们的大脑不善于为未来做打算，即时消费的快乐远胜于来日还款的痛苦。就像信用评分一样，信用卡本质非恶，但它会突出并加剧个人和社会层面的不平等现状。

信贷带来虚假的满足感

人们可以通过刷信用卡来寻求自我安慰，让自己感觉其实过得没有那么糟。即使没有实际收入做支撑，这也不影响你通过赊账的方式购买必需品或奢侈品，你仍会感到满足。你可以装作有钱的样子，直到自己真的有钱。不管是不是真的有所进步，只要自己安于现状，就不会认为有必要做出改变，比如换份工作、改变消费方式。

只要消费者摆脱不了对信用卡的依赖，公司就无须做出改变。老板和股东可以继续降低劳动者薪资，心安理得地剥削他们的劳动力。这对公司来说无疑是双赢，公司不仅能够持续赢利，还能够继续将产品和服务出售给那些实际上负担不起的信用卡用户。我们创造了一个完美的债务泡沫，而这就是导致薪酬过低和过度杠杆化成为常态的原因。这些事件不是孤立的，而是相互联系和相互影响的。

所以，你如果背负着信用卡债务，就会知道摆脱它的重要性，也会知道它带来高昂的代价让你备感压力。而且，额外的利息还会让你陷入困境，进而让情况变得更糟。债务管理需要投入大量精力，绝非像处理人际关系、展现创造力和享受消遣那么容易。我提这些并不是想戳你的痛处，让你对自己的债务感到头疼，而是想让你产生紧迫感。

债务错觉循环 *

赊账购买能力范围之外的东西

自认为力所能及

* 图上未包括工资停发、就业不足、失业等影响还债的因素！

房间里的小垃圾桶着火了怎么办？视而不见肯定不行，因为火势很快就会失控。那么你就需要采取紧急措施，尽量减少损失。最重要的是灭火后，你需要尽可能找到失火原因，避免火灾再次发生。

信用卡债务就像房间角落里的这个小垃圾桶，我们要在它失控之前及时消除隐患。让我们制订一个计划来摆脱信用卡债务吧。在讨论具体步骤之前，让我们考虑一下这个过程中的非实际因素，因为它们会影响我们的决策，成为我们的顾虑。

自愿踏出舒适圈，尝试从未接触过的事情

想要摆脱信用卡债务，就要做出改变。如果可以改变环境，我们就能开源或者合并债务。假设环境无法改变，那么需要改变的就是观念、态度和行为方式。不管在哪一方面做出改变，都需要踏出舒适圈。

改变自己，改变原来的观念和行为方式，从而更好地适应新的环境，本身就不是一件轻松的事情。要想实现从每月只付最低还款额到支付两到三倍款项的改变，首先要设定目标，再考虑如何实现它。将这个目标一以贯之地执行下去，同样是一项痛苦的挑战。记住：在前进的道路上，每到达一个新的关卡，就会遇见新的挑战。要想完成这些挑战，就要不断调整自己的想法、观念和行为方式。

在其位，谋其政

踏出舒适圈的第一步可能是，不管为何身处此境，只要在其位，就要谋其政。承担自己的债务并不意味着承认错误。在承担债务的过程中，你可以选择自己的心态，选择在何处做出改变，以及做出什么改变，这样你就能将掌控权把握在自己手中，并在自己的舒适圈内行事。

生活中，我们时常会发现自己没有过错，却需承担责任。有时候这可能是因为别人误解了我们话中的意思，但为了达成和解，双方都需要承担责任。假如你的孩子在学校里咬了别的孩子，即使先动手的不是他，他也不是唯一的过错方，但作为家长，你仍然逃脱不掉责任。这就是生活。即使是受害者，为自己的情绪负责也是改变情绪的第一步。

有时候承担债务需要我们在其位，谋其政

即使我们不是唯一的过错方

你要试着把信用卡债务看作你所处的位置或境地。大事不妙，现在的处境是你将被逼至墙角，但要逃脱困境，你就得先负起该负的责任。

找到原因，并坚守初心

造成过度消费、持续负债的因素纷繁复杂，要摆脱它们颇为困难。要克服这些困难，我们就需要面对挑战，做出牺牲，进行改变，但我们无法改变周边的环境。不是每个人都有这种想法，我也能够理解他们的选择。不过既然你读到了这里，我相信你已做好准备来接受这个挑战。

你要找到自己坚持要克服这些困难的原因。在这个过程中，你要不断提醒自己，为什么想要摆脱债务。坚守初心，你就能够专注于自己的目标。

你可以将初心写下来，并不断思考，还可以把它写在小卡片上，放到钱包里。不管做什么，你都要将它牢记于心。

停止挖坑：考虑暂时停用信用卡

我并不是建议你完全放弃信用卡。但就当下而言，如何能够确定你能持续执行计划以最终摆脱信用卡债务？继续使用信用卡，有助于你达成目标吗？暂时停用信用卡，留出时间专注于偿还债务，何尝不是明智的选择？

当觉得手头的债务处理起来稍微得心应手时，你就可以考虑重新启用必要的信用卡。如果你像我18岁那年一样，未经深思熟虑就开始使用信用卡，那么这个决定可能就不太明智，因为你那时还年轻，还需要摸索出最适合你的方案。而如今你可以给自己一个机会来回顾往事，想到最佳方案并拿定主意。

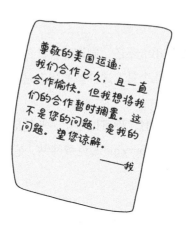

尊敬的美国运通：
我们合作已久，且一直
合作愉快。但我想将我
们的合作暂时搁置。这
不是您的问题，是我的
问题。望您谅解。

——我

理清负债现状：列个清单

列出清单有助于你了解目前的处境。通过清单，你能够对现状有大致的了解，从而思考解决方案，这是制订还款计划的第一步。

你的清单上应该有：

- 债主姓名（你欠谁的钱）。

- 欠款总额（本金加利息）。

- 借贷利率（年利率，以百分比表示）。

- 每月最低还款额度。这里也需要算总金额，因为你如果有高利率信用卡债务，就可能需要支付更多。

- 欠款类型（信用卡债务、学生贷款、个人贷款）。尽管这个计划主要针对信用卡债务，不过你也可以把其他债务列入清单，这样就可以根据整体债务情况来制订计划。

- 信用报告，用于核对清单。

思考还款方案

即使只有一张信用卡要还，制订还款计划也非常重要。每个月要还多少？一共要还几个月？这样做实际上是在制定一个类似于分期还款的时间表。

在制定还款时间表时，你可以使用一些辅助计算工具。我最喜欢的工具是一个叫作Unbury.me的免费网站，它使用起来非常简单直接。操作方法如下：

- 根据你刚刚制作的债务清单，把债务相关信息上传到Unbury.me网站，分析可选的偿债方案。
- 拖动还款计划版块底部的滑动条，选择月供。网站会根据你是想先偿还利息最高的债务还是欠款最低的债务，生成还款计划。
- 你也可以使用类似的计算工具，比如电子表格或应用程序。它们的运算原理都是一样的，这是不是很酷？

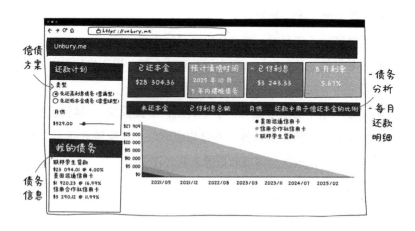

挣钱不易，管好你的钱

低欠款和高利率，谁先谁后

先偿还利率最高的债务可能会节省很多利息，这似乎是最聪明也是最理智的选择。但如果不考虑利息，先偿还欠款最低的债务会减轻你的心理负担。看着一项债务清零，你能更清晰地认识到自己的能力，更加有信心也更加有动力在还债这条路上继续前行，那就像是投篮进球时的成就感。即使先偿还欠款最低的债务可能会导致总还款额更高，但通过此举建立起来的信心能够支撑你继续走下去，最终收获更多。

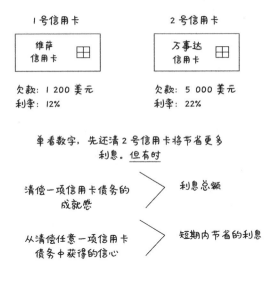

最低还款额是个骗局

在使用过 Unbury.me 网站之后，你或许已经发现，如果想尽快还清信用卡债务，每月还款额就要超过最低限额。如果经济条件允许，那么无论选择哪种偿债方案，你一定要保证每月还款额高于应付金额。

信用卡公司设立最低还款额本应出于好意——给予客户充分的灵活性，在需要的时候可以仅偿还最低限额。然而，最低还款额是个骗局。只支付最低还款额就像掉进了一扇暗门，等你爬出来才发现欠下的钱比计划借的更多。不同的信用卡公司计算每月最低还款额的方法不同，在大多数情况下，每月最低还款额为欠款总额的1% ~ 3%。因此，如果你的欠款总额为四位数或五位数，而每期的利息是两位数，那么每月只还最低限额对还清债务的帮助非常有限；如果你同时还在使用信用卡，那么每月只还最低限额甚至可能毫无意义。

为什么信用卡最低还款额是个骗局

水壶中的水代表你的欠款总额

还款就好比往外倒水

未还欠款会被收取利息

好比往水壶中倒水

仅支付最低还款额会让你负债时间更长，累积更多利息

这就是骗局！

挣钱不易，管好你的钱

还款计划应合理可行

你还可以使用Unbury.me网站来验证偿债方案。根据当前的还款额，你需要多久才能摆脱债务？这个时间对你来说是否合理？如果是，那么你只需要选定一个还款计划并坚持执行就可以了。

什么原因导致还款计划不合理呢？可能是清偿债务所需的时间太久，超出了你能接受的限度；也可能是当下的月供过高，导致你没有余钱消费、储蓄，甚至难以维持生活；或者是清偿债务要付的利息总额在你看来太不划算。

不管是什么原因导致还款计划不合理，总会有解决的办法：你可以通过削减开支或增加收入来减轻还债压力；可以通过与信贷公司讨价还价来降低利率；还可以想办法合并债务或者进行债务再融资。接下来我们一起深入分析一下这些方法。

削减开支

如果你还有办法继续削减开支或者有新的改进思路，那么请重新审视并修改你的支出计划。曾经你并没有伸手去摘取那唾手可得的果实，或许现在是时候了：给你的通信服务公司打电话，看看是否有更经济实惠的手机套餐；和朋友组织一次晚餐接龙活动，每个人轮流给大家做晚饭。

用削减开支后省下来的钱偿还信用卡债务，往往是开始应对债务最快的方式，因为你挪用的是你已有的资金。不过，只有在你现有的工资足以支撑日常开销以及每月还款时，这招才行得通。这也说明了为什么我强烈建议你把注意力放在个人理财等式的另一端：收入——另一个你可以操控的控制杆。

努力增加收入

削减开支属于你控制圈内的事，增加收入同样如此。也许你不相信，但你的确可以依靠自己的力量，通过薪资谈判等途径来增加收入，这比创业或者其他方式要相对容易一些。正如第五章所言，要想多挣钱，你就得勇于尝试各种做法，体验不同环境。

小学五年级时，我遇见了一个非常好的科学老师，他教导我们学习知识的科学方法是：先观察现象、提出问题，再进行调查、提出假设、验证假设、收集数据、分析数据，最后得出结论。我在做生意赚钱的时候就采用了这套方法。这种思维有一个明显的优势：我不再将自我价值和薪资水平联系在一起，而是抛开薪资水平，重新思考自我价值。例如，当客户不想支付给我簿记费用时，我可以通过观察、分析得出，该客户拒绝支付并不代表我不值这个价。有时候，这只是因为双方价值观不一致，或者公司规模不行，所以他们与我们合作并不能产生足够的经济效益。

如果你想增加收入，尽快摆脱债务，有哪些方法可以一试？在传统的职场环境中，可以进行薪资谈判吗？如果这正是你思考的问题，那么第一步是你要做一些相关的调查研究。市面上有曾为美国联邦调查局效力的谈判专家推出的通用谈判技巧大师课，也有专门为有色人种女性或科技行业工程师提供帮助的薪资谈判导师。如果你构思好方案并开始尝试薪资谈判，那么这些调查研究将帮助你了解你需要考虑哪些不确定因素。

在这个变化无常的世界里，每个人都必须找到自己的道路，但我们可以参考他人的做法，积累经验、吸取教训、获得启发。在试图增加收入的过程中，你可能会因为没有固定的章程可以遵循而感到沮丧，但正因为可供选择的路不止一条，实现目标的方法才不止一种。对一些人而言，随着职业生涯的发展，升职加薪自然就会发生。而其他像我这样的人，可能会尝试开辟自己的道路。无论选择哪种方法，做了哪些尝试，我都希望你能好好享受这个过程。

讨价还价，降低现有信用卡债务的利率

你可以给信用卡公司打电话要求降低年利率，让它批准。但真正的问题是，这可能吗？你要想知道答案，只能去问。即使你有能力偿还债务，也应该试着问一下。

以下是给你关于向信用卡公司打电话询问的建议：

- 保持良好的态度。我曾经在银行的呼叫中心工作，如果打电话的客户态度十分蛮横，我就很不愿意帮助他。也许你明白怎样在社会上做一个讨喜的人，懂得高效的沟通是与人好言好语，而非恶语伤人，而且电话另一头的人理应得到基本的尊重。也许这些道理你都懂，但在被债务搞得焦头烂额的情况下，你很难保持礼貌。虽然我能理解，但请你放慢节奏，进入容纳之窗，练习感恩心流，或者做些能够让自己冷静下来的事，不要对提供帮助的人颐指气使。

- 利用手上所有的筹码，让对方以为自己在与竞争对手争取你这个客户。要知道，给你提供更低的利率并不在员工的职责范围之内。因此，你不能开门见山地要求降低利率，应该提前做好铺垫。打电话的时候，你首先要说明你是多年的老客户，而且想继续和该公司合作。但另一家信用卡公司提供的利率更低，你甚至可以说另一家公司接受信用卡债务转移，且在12个月内不收取利息，你很心动，在认真考虑这个提议。

有的客服会帮你降低利率，有的不会。但无论结果如何，都是值得一问的。如果第一个接电话的人不同意你的请求，那么你可以在当天或一周后再打一次电话，看看能否说服第二个人。总之，试得越多，你也许会更加得心应手，成功的概率也就越大。

我曾用这种方式与通信服务公司和有线电视公司讨价还价，也有很多人用这种方式成功与信用卡公司协商。不过，我在还债的时候并没有去争取降低利率，而是采取了另一套方案——重新申请贷款来清偿信用卡债务，这样利息更低。虽然这是个不错的选择，但如果你想进行债务再融资或债务合并，往往需要良好的信用，才能审批通过。

深入了解债务再融资和债务合并

债务再融资是指由另一个贷款方偿还这笔债务，然后你偿还新贷款方的债务。虽然这听起来有点儿像拆东墙补西墙，但如果运用得当，就是很有效的。债务合并则是指将多笔未偿债务组合成一笔债务。

你要么降低应付利息总额，要么减少月度还款额。只有达成这两个目标之一，债务合并和债务再融资才会比较有效。目标达成后，你的心态往往也会改变，不再认为"天啊，这笔债务我完全应付不来"，转而觉得"没错，情况的确挺糟，但还是能看到一线曙光"。

那么，有哪些具体可行的做法呢？你可以考虑向家人、朋友甚至老板借钱，也可以申请个人贷款。最不推荐的方案是信用卡余额代偿，这样做风险较高。

方案1：向熟人借钱偿债

你如果运气不错，父母、某位阔绰亲戚甚至老板愿意借钱给你，帮你偿还信用卡债务，那么不妨好好考虑这一选择。

在各种贷款方案中，向熟人借钱的成本往往最低。这样做不需要走贷款申请流程，不必审查信用评分，没有手续费，可以争取降低利率，还款也更加灵活。但是，你要当心这种借款带来的精神负担、情感代价以及对人际关系的影响。有些人会以各种方式时刻提醒你借了钱，比如在你买东西的时候阴阳怪气。你大概不想欠这种人钱，向他们借钱可能不值得。

如何得体地处理借款事宜：

- 向贷款人付利息。你可以参考当前高收益储蓄账户的利率，在此基础上略微提高一些，如此一来你的报价便更容易打动他们。这种做法可行的前提是，由于储蓄利率较低，因此如果他们把钱存起来而不是借给你，收益就会减少。
- 拟定贷款条款，同贷款人签订合同。合同不必太正式，书面形式即可。合同上应列出借款总额、还款期数、利率和月供。友情提醒：Unbury.me 网站可以帮你创建还款计划。
- 设置自动付款，确保能按时还款。
- 借款前，你跟对方商量好如果需要灵活调整还款安排，例如推迟一期还款，那么你需要走什么流程。

方案2：通过个人贷款进行债务再融资或债务合并

如果你同家人的关系不佳，或家人没有多余的钱能借给你，那么你可以考虑在银行或信用社办理个人贷款。如果你的信用评分良好，而且决定要从信用卡债务中抽身，那么这个方案就相当合适。

通过个人贷款，你可以把无担保的信用卡循环负债转变为无担保的分期贷款，如此一来偿清债务的路径就清晰明确了。个人贷款和信用卡不同，借了多少就是多少，不能不停地借更多。不过，你如果办理了个人贷款，或许就可以一次偿清信用卡债务，并恢复信用卡额度。个人贷款可能是你的救命稻草，它能给你第二次机会，让你从头来过。这种好运并非人人都能拥有。你必须下定决心彻底改变自己与金钱、信用卡的关系，才能长期从中受益。

还有一些贷款方专门从事个人贷款业务和信用卡债务再融资业务。其收费各异，利率水平不同，开出的贷款条款也大不一样，所以你得花点心思了解各种方案。下一章我就会讲到应当如何看待这类贷款。

近年来，这类专门提供信用卡债务再融资服务的公司不断涌现，比如Payoff。[5] SoFi这家公司最初致力于帮助人们通过再融资来偿还学生贷款，但现在也提供个人贷款服务。[6] 而在传统机构贷款遇到困难的人也可以选择Lending Tree和Prosper这类点对点互联网金融借贷平台。[7]

个人贷款通常要收取1% ~ 6%的手续费。因此，你最好还是系统处理现有的每一笔债务，而不是选择债务合并，这样可以少花些钱。

方案3：信用卡余额代偿（不推荐）

信用卡余额代偿是指将这张信用卡欠款转移到另一张信用卡上，后者提供较低的促销利率，通常是0。余额代偿对真正自律的人来说很有效，但对不自律的人来说，它可能会导致情况越来越糟，因为这会诱惑他们增开一张又一张的信用卡。你如果不去寻找陷入债务困境的根本原因，真正改变自身行为，最后便可能在债务中越陷越深。但余额代偿的确可以作为还债路上的跳板。你可以利用无息促销期偿清债务；即使不能偿清，在此期间你也可以争取个人贷款资格，方便处理剩下的债务。

余额代偿基本都要按所转移债务的金额收取一定百分比的费用。例如，你如果想转移8 000美元的债务，余额代偿费率为3%，就要缴纳240美元（8 000×3%）的费用。

何时寻求专业帮助

如果在尝试上述方案后，你发现自己还是无法偿清债务，或者至少在短期内无法偿清债务，那么你可能需要专业人士来帮你处理信用卡债务。以下是一些相关注意事项，你应当：[8]

- 向非营利性债务管理机构寻求帮助。
- 确保该机构的信贷咨询师有专业资质。
- 检查该机构是否获得了美国国家信贷咨询基金会的认证。[9]
- 确保该机构收费合理，并将其与类似机构的报价进行比较。
- 查明该机构在你所在的州有无担保以及是否已获得经营许可。

请注意：营利性私企的目的是赚取利润。如果一家企业声称其致力于帮你摆脱债务，那这必然不是它的真正目的。非营利性机构通常从政府、基金会和捐赠人处获得资金，而营利性私企则从客户身上赚钱。

关于信用卡债务的一些总结

好好思考到底是什么让你背上了债务

你是创业了，还是失业了？你是买了一堆不该买的无用之物，还是根本不在乎自己的财务状况？抑或是你已欠债太久，借债成了维持生计的一种方式？每个人的情况各不相同，所以你必须了解自己的情况。如果你背上了信用卡债务，那么你是怎样走到这一步的？为什么会出现这样的问题？

了解是什么让你走到现在这一步非常重要，因为你如果要尝试改变当前状况，首先就必须知道其根源是什么。你一旦能够识别出这些情况，就可以逐渐理解自己做出的选择。

如果有些事情已经超出你的控制范围，那么你可以尝试换个角度来解决问题。请记住，让你背上债务和摆脱债务的思维方式与处境可能截然不同。

有些人会向有能力伸出援手的人寻求帮助，而有些人会寻找方法来解决一直困扰自己的情况。

如果你认为是自己的处境而非做出的选择导致了债务，那么你可能很难制订出一个偿清债务的计划，因为你会觉得这不在你的控制范围内。但你如果要摆脱债务，就必须找到自己控制圈内的事物，并对其加以控制。想要改变现状，你可能得做些尝试。

处理信用卡债务可能会引起你对一些潜在问题的关注，因为你需要找到自己背上债务的根源，对症下药。信用卡表面上填补了缺少金钱的窟窿，让你买得起任何东西——无论是食物这样的必需品，还是你不需要的光鲜亮丽之物。但这其实揭示了更大的问题，比如个人层面和社会层面的不公。但只有追根溯源，我们才能着手改变现状。

坚持就是胜利

解决债务问题给了你磨炼毅力的机会，你务必为了自己坚持下去。生活充满了挫折与斗争，有些人运气好，可能很长一段时间都一帆风顺，但他们终将遇到挫折，不得不与之斗争。每个人都会经历失败和痛苦，体验各种糟糕的感觉。有些人经历得早，之后遇到压力时通常能更好地应对。但这不是一场挫折多寡、应对得当与否的竞赛，这是人生路上逃不开的关卡，我们都将面对。

欣然面对挫折听起来似乎很疯狂，但确实可行。它会迫使你面对自己、了解自己。它挑战你，也帮助你磨炼毅力，让你为渡过下一个难关做好准备。

如果不付诸行动并持之以恒，你将无法摆脱债务。你可能要放弃与朋友共进晚餐的机会，就分摊账单的问题来一场开诚布公的交谈。你可能不得不做出艰难的选择，决定自己住在哪里、与谁住一起。处理债务可能会让你生活的其他方面都一团糟。我逃避自己债务问题的部分原因在于，我知道这意味着必须改变一些我宁愿一直逃避也不愿面对的事情。一想到要改变这些事情，我就心生恐惧，甚至觉得似乎还是应付负债带来的种种不便要容易得多。

但逃避不是长久之计。一旦你开始面对这些难事，面对本身就会变得容易，这就是磨炼毅力的方式。要应对现代经济中的不确定因素，坚韧的毅力是基本品质。

你要找到能鼓励你持之以恒的事物。比如，收听关于如何偿清债务的播客，加入所有人都在尝试摆脱信用卡债务的社团，打印还债时间表并将其挂在房间里，或者每天盯着自己宝宝可爱的面庞十分钟。总之，你要找到能鼓励你的事物，并坚持前行。

你要了解偿清债务的日期。你一旦开始执行还债计划，就会知道什么时候能还清最后一笔债。你要把这个日期记在心里、写在日历上，鼓励自己坚持到底。

练习

制订计划，摆脱信用卡债务

- 问问自己：为什么摆脱信用卡债务对自己很重要？

- 别再背上债务：认真考虑是否要暂时停用信用卡。你要给你的信用卡写一封信，告诉它们你需要休息一下。虽然这听起来很蠢，但如果能让你摆脱债务，谁又在乎蠢不蠢呢？

- 列出所有债务。

- 规划还债计划。

  ——在Unbury.me网站上注册一个账号（或使用其他类似的应用程序）。

  ——输入债务详情，包括还债信息。

  ——制订还债计划：利息最高的债务优先；余额最低的债务优先；其他的一些策略。

- 检查还债计划：偿清债务的时间安排合理吗？最终支付的利息总额合理吗？每月的还款额能让你坚持下去吗？

- 如果发现计划不合理，那么你可以用写日记的形式梳理，或者寻求新的角度，抑或通过表达自我来了解自身需求。

  ——审查你的支出计划，想办法将生活必需和娱乐消遣的支出减少，用于偿还债务。你是否已经找出所有可以轻易实现的目标？

  ——你能把精力放在提高收入上吗？

  ——给信用卡公司打电话讨价还价，尽量降低信用卡利率。

- 了解一下债务合并或债务再融资。仔细研究并比较这些选择。

——你能从朋友、家人或雇主那里贷款吗？这些贷款带来的非财务成本是什么？

——你能从银行、信用社或类似贷款机构申请个人贷款吗？

——冒险玩欠款余额转移这一套是否会得不偿失？

你一旦决定了摆脱信用卡债务的方法和计划，就把它详细地写下来。所以，你会在哪一天摆脱信用卡债务呢？

第十二章

借钱还是不借钱：如何看待债务决策

融资的本质是时间旅行。存钱是将资源从现在转移到未来。（通过借钱来）融资是将资源从未来转移到现在。

——马特·莱文（Matt Levine）[1]

把债务看作一种可以穿越时空的神奇工具，不仅使金融世界看起来比实际情况要酷得多，还可以帮助我们理解借钱的实质。每一次借钱实际上都是从未来自己的口袋里拿钱。

这种交易在某些情况下是值得的。这就是"明智"负债背后的道理。而确定这种交易是否值得是最难的。估量负债的影响，就像从一个全新的未来维度看待你的钱，其中包含了太多变量。如果无法明确知道未来的情况，比如你会有什么样的工作，或者你是否需要养家糊口，那么这些都会让决策充满挑战。

我见过太多人在借钱后没有像预期的那样得到回报。有人背负25万美元的学生贷款，但并没有可行的还款计划，只能放手一搏，结果则是听天由命。我曾与客户面对面交谈，听他们讲述自己的经历：有人在房地产泡沫高峰期买了一套房子，但在2008年房地产

171

市场崩盘几年后艰难地做出了脱手这套房子的决定。我还听过一些新移民为了让孩子可以在知名院校接受大学教育，从他们的退休金账户中借钱，最终却无力偿还。这些人几乎都做了他们"应该做的事"，但最终在财务上的损失比他们想象的要多。他们把钱用在最需要的时候，而没有考虑可能出现最坏的结果。

借钱像是穿越时空的魔法

时空的连续性

未来的你自己

现在的自己
从未来的自己
那里拿钱

　　既然如此，人们如何才能抱着最好的期待，做最坏的打算？如果不能预见未来，我们就无从得知在迫不得已之时，是否做出了最佳决定。如果有一个系统的方法能帮助我们做出负债决定，那就再好不过了。我们可以通过四个角度来看待债务：你能承受什么债务？债务如何影响你的未来财富？贷款人会如何为难你（如何设置贷款条件）？偿还债务的真正成本对你来说是否值得？使用这个框架的前提是，你背负"明智"的负债是为了积累未来的财富，而不是为了当下消费。

挣钱不易，管好你的钱

你有能力偿还借款吗

决定是否应该负债的第一个标准是，你是否有能力每个月都偿还债务。你在评估自己能承受多少债务时，千万不要盲目相信贷款公司的说辞。

我不认为那些以推销贷款为生的人是坏人，我知道这是他们的工作，对他们中的许多人来说，这涉及提成的多少。因此，他们有动力说服你去借钱。这就是这个系统的运作方式。理论如此，现实也是一样。你还记得我那份无趣的电话销售工作吗？它让我近距离地看到销售人员如何夸大潜在借款客户的经济承受能力，说服他们借款。

知道自己的承受能力有多大，就像给自己擦屁股。在你身体健康的大多数时间里，你都应该自己擦屁股。这项工作并不有趣，虽然那些以向你推销贷款为己任的人试图为你做这项工作，但他们不会像你一样用心，因为这是你的屁股，而不是他们的。归根结底，你有责任确定自己每月能偿还多少债务。

如果你决定要以抵押贷款或学生贷款的形式借钱，那么首先要确定的是你需要借多少钱和每个月还多少钱。如果你现在就已经无力支付，那么你所借的钱在未来能创造多大价值也就不重要了。

你需要做研究，以明确自己想办成的事情总共要花多少钱，而其中需要借多少钱。简单的在线贷款计算器就可以帮助你计算贷款的每月还款额。Bankrate.com（一个金融网站）既提供简单的贷款计算器，也针对不同类型贷款有专门的计算器。[2]你如果想预设不同的借款情况，比较还款额的多少和借款条件的好坏，就可以下载一个预制的电子表格。

大概了解每个月的还款额之后，你就应当根据自己的支出计划，了解自己每个月是否有能力偿还，并思考这笔额外的还款支出会对个人财务状况造成什么样的影响，比如根据个人理财等式，是否有必要削减其他支出？如前文所述，在支出增加的情况下，你要想确保个人理财等式两边的数值相等，要么减少开支，要么增加收入。所以如果能增加收入，那么你也要相应地提高还款能力。这个方法跟以往听到的有点儿不同，是吗？虽然它不一定适用于所有人，但我的工作就是提供解决问题的不同方法。

你如果在考虑申请学生贷款，又不确定自己毕业后能挣多少钱，就应该去调查你所想从事的行业的现状，了解自己意向岗位的起薪大概是多少，然后根据你的居住地以及生活成本，制订一个模拟消费计划。我觉得这样的练习应该纳入高中义务教育。你也可以通过负债收入比率（DTI）来确认每月需还多少钱以及能否负担这笔债务。

将负债收入比率作为指标

贷款方并不是基于你的支出计划，确认你有能力还款后才打算借钱给你。要是它能看一眼倒更好了，但它只以负债收入比率作为判定指标。它会以百分比的形式显示出你每月用多少收入来还款。

下面是计算负债收入比率的方法：

- 计算每月的还款总额，包含信用卡、贷款和抵押贷款还款额。
- 用每月还款总额除以每月（税前）总收入。
- 所得结果是小数形式，将它乘以100%，就会得到负债收入比率的百分数。

- 得出目前债务的负债收入比率后，你就可以重新回到前三个步骤，把你考虑要借的贷款也计算进去。

负债收入比率表明有多少收入用于还债

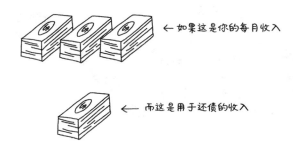

← 如果这是你的每月收入

← 而这是用于还债的收入

负债收入比率就表示用于还债的收入所占比例，
也就是百分比的另一种表达方式

贷款方如何看待你的负债收入比率

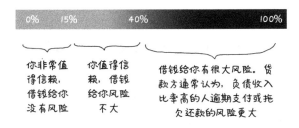

0%	15%	40%	100%

你非常值得信赖，借钱给你没有风险

你值得信赖，借钱给你风险不大

借钱给你有很大风险。贷款方通常认为，负债收入比率高的人逾期支付或拖欠还款的风险更大这个比率究竟有何含义呢？负债收入比率为15%左右是较为合理的，因为通常来说，大部分人都能用每月收入的15%来还款。

你能否还得起债？
判断还款能力的三大要素

每月预算　负债收入比率　资产负债率

贷款方通常希望借款方的负债收入比率低于36%，但有的时候抵押贷款方也会借钱给负债收入比率高达43%的人。[3]贷款方各有各的标准，借款方的情况也各不相同。所以负债收入比率这个指标有时候也会失灵，但是大多数时候，负债收入比率越低，贷款获批概率越大。

如果负债收入比率太高，那么你可以考虑少借点钱，减少每月还款额，以降低负债收入比率。你可以用贷款计算器重新计算每月的还款额。

在此我要重申，负债收入比率是贷款方衡量借款方还款能力的指标，这个比率基于你的税前而非税后收入，即使贷款方批准了你的贷款申请，也不代表你就偿还得起。所以，根据个人支出计划计算每月能偿还多少钱显得尤为重要。

资产负债率：债务如何影响你的资产

贷款方还会使用资产负债率来评判你的还款能力。此处的资产是指现金、投资额或其他可折换成现金的财物。这一指标反映的是你的资产有多大比例是通过借债来筹集的。

下面是计算资产负债率的步骤：

- 计算债务总额（包括借款总额和信用卡的总已用额度）。
- 计算资产总额（包括支票账户和储蓄账户中的存款总额、投资价值总额、退休金、房产和其他可以折现的财产）。
- 用步骤1所得数字除以步骤2所得数字（债务总额 ÷ 资产总额 ＝ 资产负债率）。
- 所得结果是小数形式，将它乘以100%，就能得到资产负债率的百分数。
- 得出目前的资产负债率后，重新回到前四个步骤，把你考虑要借的贷款也计算进去。

资产负债率不超过10%是非常健康的状态。经验表明，用户最好将资产负债率控制在30%以下，若高于50%则意味着风险较大。较高的资产负债率意味着你所拥有的远不及欠的多。你的资产负债率越高，如遇上财务状况发生变动，你就越有可能无力偿还债务。

如果借钱的数额会使你的资产负债率超过50%，你就需要考虑借钱的风险。你要想保持健康的资产负债率，要么减少债务（减少借债或偿还债务），要么增加手头的资产（增加现金余额、储蓄或投资余额）。

你如果确定自己能负担得起月供，并且清楚负债对个人财富的影响，就可以考虑寻找贷款方，尝试贷款。

贷款是如何运作的，以及贷款包括什么

如果想"明智"地负债，你就要以贷款的形式借钱，而非使用信用卡借钱。无论何种贷款，都包含以下要素，这些也是你需要注意的细节。

- 贷款金额（本金）。
- 贷款成本（利率）。
- 还款时限（贷款期限）。
- 每月还款金额。

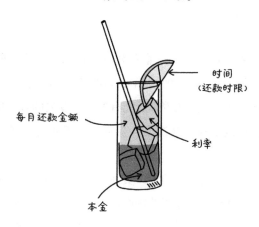

贷款就像一杯鸡尾酒

时间
（还款时限）

每月还款金额

利率

本金

改变任何一个要素都会牵一发而动全身

以上所有要素都会相互影响。贷款就像一杯鸡尾酒，由冰块、不同类型的酒、调酒饮料以及装饰物组成。改变鸡尾酒中的任何一种配料都将改变整杯酒的味道，只是味道改变的程度有所不同。如前文所述，你可以下载在线贷款计算器，比如手机软件或电子表格，以帮助你了解这些不同要素如何相互影响。

如果你想贷款、办理再融资贷款或制订学生贷款还款计划，那么在线贷款计算器可以帮助你做权衡。例如，若延长还款计划，每月还款金额会减少，但你需要支付更多利息。

选择贷款应该像选购新相机、新车或其他你喜欢的东西一样。询问不同贷款机构和银行的贷款方案，可以为你节省数百甚至数万美元。你不要认定第一个为你提供贷款机会的机构，再找找其他贷款方，货比三家。你甚至可以让这些贷款方相互竞争，这样就可以选择对自己最有利的贷款方案。

留心那些想利用贷款要你的贷款方

每当我借了钱或者打算借钱，尤其是借了一大笔钱想用于教育或拓展业务时，我总是问自己以下问题：银行会如何用这笔贷款从我这里捞好处？这听起来可能有些愤世嫉俗，但对于那些好几代一直饱受压迫或被边缘化的人来说，思考这个问题是很明智的，这能帮助他们批判性地思考借钱的现实。你借钱的机会也是银行从你身上赚钱的机会。你如果想申请贷款，就首先要知道自己能负担多少，其次要知道银行会怎样利用贷款捞到好处。

通常，最好的贷款往往是最简单、最平平无奇的贷款。它应当明确规定你在固定期限内的每月还款金额。这样一来，当贷款到期时，你也还清了债务。这属于分期贷款，即每期的还款金额是固定的。每次还款时，你都要偿付一部分的借款额（本金）和借款成本

（利息）。最后一次的还款金额不应当过大（除非你有偿付巨款的能力）。例如，30年期的抵押贷款或5年期的车贷，就属于典型的完全分期等额偿还贷款。

贷款偿还时间表

年利率	7%
贷款期限	2 年
每年还款次数	12 次
贷款总金额	50 000 美元

还款次数	还款额（美元）	付息金额（美元）	还本金额（美元）	余额（美元）
1	2 238.63	291.67	1 946.96	48 053.04
2	2 238.63	280.31	1 958.32	46 094.72
3	2 238.63	268.89	1 969.74	44 124.98
4	2 238.63	257.40	1 981.23	42 143.74
5	2 238.63	245.84	1 992.79	40 150.95
6	2 238.63	234.21	2 004.42	38 146.54
7	2 238.63	222.52	2 016.11	36 130.43
8	2 238.63	210.76	2 027.87	34 102.56
9	2 238.63	198.93	2 039.70	32 062.86
10	2 238.63	187.03	2 051.60	30 011.27
11	2 238.63	175.07	2 063.56	27 947.70
12	2 238.63	163.03	2 075.60	25 872.10
13	2 238.63	150.92	2 087.71	23 784.40
14	2 238.63	138.74	2 099.89	21 684.51
15	2 238.63	126.49	2 112.14	19572.37
16	2 238.63	101.78	2 124.46	17447.92
17	2 238.63	114.17	2 136.85	15 311.07
18	2 238.63	89.31	2 149.31	13 161.75
19	2 238.63	76.78	2 161.85	10 999.90
20	2 238.63	64.17	2 174.46	8 825.44
21	2 238.63	51.48	2 187.15	6 638.21
22	2 238.63	38.72	2 199.91	4 438.38
23	2 238.63	25.89	2 212.74	2 225.65
24	2 238.63	12.98	2 225.65	0.00

完全分期等额偿还贷款属于明智负债，这在你的承受范围内，并有助于为未来积累财富。这类贷款有还款计划，要求在期限内还本付息。你只要每期按时还款，最终就能清偿贷款。分期偿还的英语是amortization，其中amort源于通俗拉丁文admortire，意为"消灭"。选择完全分期等额偿还贷款，实际上就是随着时间的推移慢慢地"消灭"债务。

完全分期等额偿还贷款往往是最不可能让你陷入困境的。我之所以说"最不可能"，是因为你其实仍然可能会被高利率、贷款费用或不利条款所困扰。例如，你如果某一次还不上钱或者没有按时还款，就会遭到高额罚款。

有两种贷款不那么容易应对，一种是只付利息贷款，另一种是可调利率贷款。这两种贷款适合能够承担高风险的个人或企业。在规定的期限内，借款人只需支付利息，在贷款期末或其他规定的期限内还清本金和利息。为什么会存在这种贷款呢？这是一种廉价的贷款，适用于那些倒腾房子（比如翻新房子再转手）的人。他们抓住短暂的窗口期，在此期间只需偿还利息，在需要偿还本金前再把房子转手出去。一旦你了解了这些贷款的门道，并结合自身的财务状况使用这些贷款，那么它们对你来说可能正合适。在此之前，请将其视为高级工具。在使用这些高级工具之前，你首先要掌握贷款的基本知识，并理清个人财务状况。

可调利率贷款的利率会随市场波动而变化。市场利率较低时，可调利率贷款似乎颇令人心动，因为这期间月供也较低。但若利率上升，还款额同样会随之上升。利率高到一定程度时，你甚至可能还不上月供。2008年住房危机爆发前，很多人便遭遇这种情况，陷入了次级贷款圈套，而次级贷款实际上是一种利率可调整的高成本贷款。利率上升后，他们中的很多人都还不起贷款了。

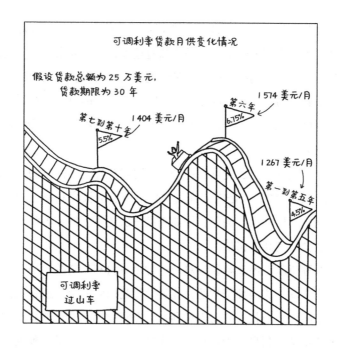

可调利率贷款月供变化情况

假设贷款总额为25万美元，
贷款期限为30年

第六年 1 574 美元/月
6.75%

第七到第十年 1 404 美元/月
5.5%

1 267 美元/月
第一到第五年
4.5%

可调利率
过山车

　　次级贷款被大量推销给少数族裔和低收入群体。贷款方和银行
担心少数族裔和低收入群体无力偿债，认为贷款给他们风险较高，
因此向他们收取更高的利息，或者推出纯粹是为了赚钱的贷款产
品，并不在乎这类产品是不是注定会失败。这种做法糟透了，最终
会让整个社会付出高昂的代价。

　　借贷有风险，你必须得时刻警醒。你要判断贷款方或银行是
不是在试图引导你选择不适合自身财务状况的贷款，或者放贷行为
是否具有掠夺性、是否涉及种族歧视。遗憾的是作为消费者，我们
并不总是能依靠政府监管来保护自己，有时便只能退而求其次，学
会核查各类借贷来武装自己，避免成为各种不合理放贷行为的受
害者。

如果有人提出借钱给你，或者帮你再融资以偿还当前的债务，请问问自己：

- 借钱买来的东西的价值会高于借钱成本吗？这是一笔明智的债务，还是为了自己的消费欲望而负债，买来的东西也会在使用后失去价值？
- 贷款条款是怎样的？（贷款金额、利率、每期还款额、贷款期限、首付分别是多少？）
- 我的还款计划是怎样的，或者说为了还清债务，我要怎样安排每期还款额？我负担得起这个还款计划吗？
- 每期还款都需偿付利息和本金吗？（是否采用完全分期等额偿还法？）
- 我是只为本金付利息，还是也为利息付利息？（贷款计息按单利算还是复利算？）
- 如果我每期按时还款，贷款期末是否还有额外的费用？
- 如果我没有每期按时还款，贷款期末是否会欠下一笔费用？如果选择大额尾付贷款，尾付最高能达到多少？它会是一笔巨款吗？（如果答案是肯定的，就意味着你可能会欠下还不清的债，我强烈建议你重新考虑要承担多大的风险。你能否换个思路，选择别的贷款？）
- 如果还不上这笔钱会怎样？我会有哪些选择？

我知道搞清楚这些得花很多精力，但来自特权阶层的人轻轻松松便能得到这样的教育，也许只是在前往度假别墅的路上，家中长辈无意间教授的。他们所接受的教导就是要理性地看待借款，从而保证自己不会栽在借贷上，而是可以利用借贷创造更多财富。他们所说的"白手起家"，就是这么一回事。

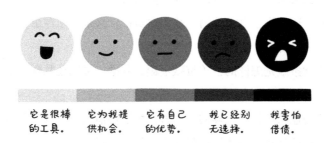

你怎样看待债务?

它是很棒 的工具。 它为我提 供机会。 它有自己 的优势。 我已经别 无选择。 我害怕 借债。

借贷适合你吗

通过计算来判断自己是不是想借钱其实很容易。但面对计算结果，你得判断自己是否真的想要借钱，而这一步充满挑战，完全取决于个人的想法。要确定借贷是不是适合你，请记得运用二阶思维来思考某个举动会带来怎样的一连串后果。

借钱会消耗精力

借钱要付出金钱成本，但挣钱需要精力。所以在决定要借钱时，请务必了解还上这笔钱需要耗费多少精力，以及这么做是否值得。而要知道借钱是否值得，你得更了解自己。你对自己的生活有什么要求？负债会对你的生活产生怎样的影响？

一个想白天冲浪、晚上当餐厅服务生或者酒保来维持生计的人可能觉得没必要背负任何债务。并不那么在乎每天过成什么样的人，可能会觉得只要每个月都能在拉斯韦加斯的派对上尽情狂欢，那么背负学生贷款也无所谓。他们可能的确需要学生贷款才消费得起昂贵的酒水服务。而对于希望有个家庭，在郊区买栋漂亮房子，选择拼车出门的人来说，用明智的负债为家庭创造财富、改善生活则会让他们感到非常满足。

利用债务积累财富就好比为了健康而饮用红酒，请记得遵循指导，谨慎行事。

不妨一试：身体扫描练习

近年来，科学家开始认真研究身体的思考方式以及身体同大脑的联系。[4]人们通常认为大脑才是情绪的栖身处，但身体也能在很大程度上感知到情绪。读懂来自身体的信号可以帮助我们在压力状态下调节情绪，甚至促使我们与身边人互帮互助、平复心情、疗愈情绪。你是否在某个时刻感到自己想要的仅仅是一个拥抱？

人体本身蕴含的卓识与智慧远超现代文化和社会目前的认知。

那么，了解自己的身体对理财决策有什么帮助呢？其实，身体的反馈能告诉你真正想要的是什么。"我该换工作吗？""我真的想去法学院吗？""我是不是觉得自己不配用什么好东西，所以不愿意买这个舒服的床垫？"面对诸如此类的难题时，你能够通过感知身体释放的信号，聆听自己的直觉，进而找寻到相应的答案。

该方法配合二阶思维模式，就是一套全面且实用的理财决策方法。

另一位导师教我做身体扫描练习，这最初是由马莎·贝克（Martha Beck）提出的。这套练习通过唤醒记忆完成，由两个独立的训练部分组成，一次完成一个即可。

- 首先，唤醒一段负面记忆，回忆当时的感受。然后你慢慢地从头到脚扫描身体，感受身体给出的反馈，并描述你的感觉。你可能会感到肩膀紧绷，可能会手掌出汗、脸红胸闷、心跳加速、腹部紧绷或喉咙紧缩，也可能会感到身体沉重、压力重重或者心神不宁。你只需说出这些感受并记下来。

- 下一步，用同样的方法唤起一段美好回忆。你先回忆往昔，沉浸在当时的感受之中，再扫描自己的身体。你可能会感到心情平静、呼吸顺畅、心花怒放，也可能会不自觉地微笑，感到轻松畅快、怡然自得、平静悠闲、充满活力。同样，你也需要描述这些感受并记下来。

这个练习有个好处，能够让你明白，通过唤醒记忆、回忆当时的感受，便能控制自己现在的感觉。这一点在你做决定的时候也十分适用——问自己一个问题，想象可能出现的各种答案，再坐下来体会这些答案带给你的感受，并描述出来。小到晚餐吃什么，大到是否真的想要接某个项目，只要面临着做决定，你就可以使用这个方法。我知道有时候应该依照现实需求来做决定，而不是跟着感觉走。但即便如此，了解自己的感觉也可以帮助我们在二者之间做好平衡。

练习

背负债务的实际代价

- 你的负债收入比率是多少?
- 你的资产负债率是多少?
- 除支付利息以外,你还需要为债务付出什么?
- 如果不用背负债务,你愿意把精力花在其他什么事情上?
- 借债之后,你的生活得到了怎样的改善? 请思考一下,如果没有明智的负债,你的生活将会如何。
- 你如何利用明智的负债,把精力花在你认为值得的事情上? 试想一下,如果没有明智的负债,你会把精力花在哪里。
- 如果你打算用明智的负债来创造财富,请进行详细规划。

第十三章

周末花时间好好思考学生贷款

从多个方面来看，学生贷款就像新型疱疹一样，几乎每个人都有，而且会伴随你一生。

最后别忘了告诉自己的订婚对象。

——特雷弗·诺亚（Trevor Noah，美国知名电视节目主持人）

　　我在帮客户处理学生贷款之前，已经做过几份不同的理财服务工作，而且我已经习惯了浏览金融网站和它们的内部平台，还获得了金融学位。但当我登录查看所有的学生贷款资料之后，我仍感到十分震惊，过了好一阵才反应过来我在看什么。

　　我很庆幸被免去了背负学生贷款的可怕命运。说来也怪，我之所以没有背上巨额债务，是因为我在申请大学时没考虑那么多，而且坦白来说，我也没什么志向。但除了运气，父母的帮助也是一个重要因素。最开始，我在加利福尼亚州的一所州立大学上学，他们支付了第一年的学费。后来我转专业去社区大学，他们也提供了后几年的学费。我也在那段时间里确定了以后的从业方向。

　　我父母供我在一所社区大学就读了两年，那儿的学费相对较低，每单元课程18美元。后来，我转学去了加州州立大学，那里的学费比社区大学贵了90%。但幸运的是，我转学的时候恰好开始在美国银行工作，也许你听过这家大银行。这家银行有各种各样的员工福利，包括带薪假期、兼职员工病假以及学费报销项目。

学费报销项目的内容如下：如果修读的课程及学校达到了银行的要求，那么银行会报销员工一定数额内的学费。此外，要成功领取补贴，我的成绩也必须达到B等级及以上。因为我在州立大学修读商业、金融和经济类课程，所以我有资格申请该项目。我只要取得B等级及以上的成绩，基本上就不用担心大学学费了。

在加州州立大学第一学期开学的时候，我用信用卡支付了几千美元的学费。这个决定虽然既冒险又愚蠢，但也凸显了几个问题。第一，20多岁的年轻人借几千美元可能不会太顺利。和许多年轻人一样，我在有关大学方面的决定是欠考虑的，也缺乏经济方面的考量。人们之所以决定长期承担学生贷款债务，往往受到诸多因素的影响，比如对负债已经见怪不怪、家人抱有较高期望以及社会施加压力等，但更多的是接受教育的现实需求，因为这在很大程度上决定了你未来工资的高低。

第二，运气在很大程度上影响我当时的财务走势，现在依然如此。这当然不是说我可以当甩手掌柜，也不代表我可以不顾学业、工作懈怠。运气和实力都很重要。

写到这里的时候，现任美国总统约瑟夫·拜登（Joe Biden）还未上任，因此他提出的彻底解决学生贷款危机的计划也还没有实施。虽然我天真地希望以后大家都用不上本章讲的内容，但我知道这不可能。即使通过改革推进学生贷款豁免计划落实，有望在一定额度内无条件减免学生贷款，为无法负担大学学费的家庭免除费用，但仍然会有人贷款上学。

不是所有的家庭都像我家一样能够承担子女的学费、生活费等，也不是所有的学生都能像我一样走运，在上学期间遇到慷慨的雇主，更别提那些需要一边上学一边赚钱养家的人。也许未来几年会颁布相关法律，减轻学生入学的经济负担，从而大幅降低学生贷款总额。但即使以后学生贷款所面临的情况可能有所改善，对于现在已经借贷的人而言，负债问题也是无法回避的。

要想合理利用学生贷款，我建议先储备相关知识，像了解约会对象一样全面细致地了解学生贷款。这个建议不仅适用于学生贷款，还可以推及个人理财的方方面面。

要想了解一个人的本性，最好的方法就是跟他或她来一次周末旅行或度假。在此期间，你得与对方长时间近距离接触，甚至是第一次和别人共同应对突发状况，这可比在日常状态下更能了解对方的为人。

你就像前排观众一样，能够直观地了解对方的癖好与个性，观察对方如何拟定计划、处理难题、应对紧急情况、适应各种变化，并了解对方处理问题的优先顺序、如何制定预算，以及如何看待世界。了解这一切之后，你心里就大概有数了：是更加坚定地要和对方在一起，还是发现两人的价值观之间有不可逾越的鸿沟？

你也需要用同样的方式详细了解学生贷款。当你面对失业、待业等一系列人生大事时，你需要了解学生贷款会带来怎样的影响，自己有哪些选择，再融资偿债在目前的人生阶段是否合适。学生贷款将一直跟随你，直到清偿的那天。所以了解学生贷款可以帮助你在遇到大事的时候利用它解决问题，而不是被它拖累一生。

现在就着手了解你所借的贷款吧，这相当于掌握了主动权。到了需要借贷的时候，你就知道目前有哪些选择。能够从中进行选择，会让你觉得自己仍留有自主的空间。

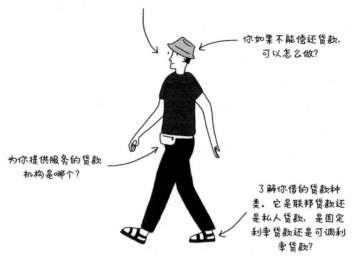

你要像了解你的伴侣一样了解学生贷款

你如果不能偿还贷款,可以怎么做?

为你提供服务的贷款机构是哪个?

了解你借的贷款种类。它是联邦贷款还是私人贷款,是固定利率贷款还是可调利率贷款?

很多人觉得学生贷款只是不经意间背负的,就好像他们签署了一些文件,却不知道自己在做什么。可悲的是,这已经成为一种常态。负债听起来像是被逼无奈之举,但实际上你仍有选择的余地:你可以选择是否要接受教育,并因此负债。这正是对自己负责的表现。无论你如何成为今日的自己,都需要为自己走过的每一步负责。

贷款种类

在研究手上的可选项之前,你首先要了解有哪些不同种类的学生贷款。

是联邦贷款还是私人贷款?联邦贷款由政府发行,或由银行等金融机构代为发行，通常有较低的固定利率，并且借款人能由此获得加入联邦贷款项目的资格，比如基于收入的还款计划和公共服务贷款减免计划。是哪种联邦贷款？是直接贴息贷款、直接无贴息贷款、大学生家长贷款，还是联邦帕金斯贷款？对于不同类型的贷款申请，联邦救济项目的要求也不同。而了解项目的申请要求，第一步是要知道你想借的贷款属于哪一类。

更复杂的情况是你想借不止一种贷款。弄清楚你想借的贷款类型，可以防止日后出现"意外"。例如，你如果了解了在同等条件下，一种贷款何时以及为什么需要与另一种区别对待，就能提前为经济衰退或避无可避的金融冲击做出应急准备。

私人贷款由金融机构发行，所以它们的借贷条款和利率都会跟联邦贷款有所出入。比起联邦贷款，私人贷款可能需要更早开始偿还，那个时候你可能还在上学。而且，教育部对私人贷款的监管并不如对联邦贷款严格。

贷款机构

确定好要借哪类贷款之后，你可能就知道贷款机构是哪个了。如果你尚不清楚，那么这就是你马上要做的事情。贷款方并不一定就是为你提供服务的贷款机构。尽管联邦贷款由政府发放，但实际的贷款服务可能会由贷款服务机构承包提供，代政府行使银行和行政部门的职能。可能在一笔贷款的清偿过程中，贷款服务机构还会发生变动。

你如果不知道从哪里入手，可以尝试登录美国国家学生贷款数据系统（NSLDS）来查看贷款服务机构。你如果有私人贷款，但不确定它属于哪一家贷款服务机构，可以先从你的信用报告着手。

欠款总额、利率及月供

现在是时候了解你的贷款条款了。了解自己的贷款情况非常重要。当我作为财务规划师第一次登录客户的学生贷款账户时，我十分震惊，因为所有的贷款都是混乱的。如果有多个贷款和多个贷款服务机构，就意味着利率和还款额也各不相同。你欠了多少钱，你有多少贷款，贷款的利率是多少，只有知道了这些细节，你才能真正了解自己的贷款情况。

你可以找一个好用的工具来帮助你跟踪余额、利率和支付金额。我最喜欢的债务管理网络工具是 Personal Capital，它可以让你从大处着眼，掌控全局，而 Unbury.me 或 Tiller HQ 则可以制订和追踪每月的还款计划。[1]

自动还款

登录贷款服务机构的网站，你就可以看到每笔贷款的还款期限，不过你如果一直在按时还款，就应该已经对此了然于胸了。

你如果没有在生活必需支出账户中设置自动还款，就可以考虑一下自动还款。对有些人来说，它是有帮助的，这样他们就不用像手动支付时那样设置日历，提醒自己还款期限，毕竟日历提醒可能会对他们造成不必要的干扰，特别是在与朋友共进晚餐时收到提醒，它更像是一件烦心事而不是激励。而对于其他人来说，在每周理财时间内登录账户并还款可能会让他们有种参与感，因为这样他们就可以看到每个月的余额变化。一个合适的还款系统是处理学生贷款的助力。若有一个得心应手的还款系统，即使是还贷也能让你感到舒心。

还款期限

能看到隧道尽头的一线光明是件好事。就像处理信用卡债务一样，你知道了自己摆脱学生贷款的日子，还款就有了动力。你可以通过Unbury.me这样的贷款计算器算出自己什么时候能还完债务。你要把它记在脑子里或写在能看到的地方，用它来提醒自己：我不会永远都背负债务。

额外还款

你闲来无事时可以试试Unbury.me这样的还款工具，看看每月多还50美元会对摆脱债务有何助力。在不影响月度现金流的情况下，你可以考虑多还一些，以便更快地摆脱债务。

你还可以考虑将月供分成两份，每两周支付一半的款项，一年下来你就会不知不觉地多还一笔钱。

还有一个好办法，那就是你可以看看自己是否能拿出额外的钱来先还部分本金，这样你就能加快偿还本金的速度，减少最终支付的利息金额。一般情况下，你如果想采取这种额外还款方式，就需要向贷款机构提出申请。贷款人不会主动将额外还款还在本金上，这不足为奇，毕竟他们是靠利息赚钱的。

在下一章，我将深入探讨利息以及复利，在这里就简单解释一下为什么提早偿还本金可以减少总利息，并帮助你更快地还清贷款。收取多少利息取决于贷款的本金有多少。若你用钱先还部分本金，实际上就减少了本金的金额。即使利率保持不变，利息额也会随着本金的减少而减少。如果这些话有些枯燥晦涩，你不妨把利息想象成打发的奶油，把本金想象成一块蛋糕，蛋糕越小，可以涂抹奶油的表面积也就越小。

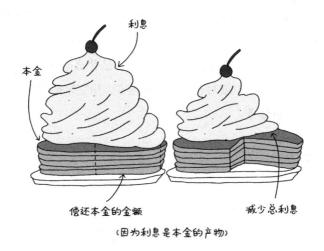

利息

本金

偿还本金的金额

减少总利息

（因为利息是本金的产物）

基于收入的还款计划和贷款豁免

2017年，在贷款豁免计划的首批申请人提交申请后，部分贷款豁免并未被批准，因为借款人没有整理出一份合格的还款计划，还有一些借款人没有每年都填写就业证明表。这意味着，十年来，人们在申请学生贷款时以为自己可能会得到豁免，但实际上提交申请后就被拒绝。2019年《福布斯》杂志报道，98%申请学生贷款豁免的借款人都未得到批准。[2]在经济大衰退期间，我听到很多发生在借款人身上的故事：借款人与银行的人商量重组贷款，希望能留下自己作为抵押品的房屋，但最终房屋还是没有能够被赎回。

在写本书的时候拜登政府发布了一系列提案，我认为新推出的学生贷款法改革有望减轻借款人在还款过程中受到的伤害。根据这些提案，对于基于收入的还款计划和贷款豁免等项目，借款人可以自愿选择退出，但不需要煞费苦心才能加入，这将惠及大多数人。但就像第六章提到的棉花糖试验一样，我们之前被告知过贷款是可以被免除的，但最后发现事实并非如此。这种满怀期望却没有实现的感觉，会让人一直耿耿于怀、难以忘记。

关注最新消息，了解事态变化

学生贷款法会因为种种因素而有所调整。有债务在身的人往往会时刻关注最新消息，看看这些调整对自己和手头上的贷款有什么影响。

我如果想持续关注某个话题，就会订阅一份电子报，这样我会源源不断地收到电子邮件，获悉相关资讯，并保持高度关注。我能

想到有些人对这种方法不胜其烦，但对于那些吃这套的人而言，我建议可以订阅一份相关公司的电子报，Student Loan Hero 就是一个不错的选择，该公司旨在帮助用户还清学生贷款。希瑟·贾维斯（Heather Jarvis）是一名学生贷款专家和倡导者，她会通过博客和电子报[3]来发布学生贷款的最新消息。人们也会通过一些网络社群来获取最新消息。

你要寻找到一种最适合自己的信息获取方式。要记住，只要还背负着学生贷款，你就应当及时获取相关的最新信息，这也是对债务负责。你要把自己想象成一个棒球迷，而债务是所在城市的棒球队，这样一来，关注学生贷款的最新信息就成了头等大事。

再融资与贷款合并

学生贷款合并与再融资是两个容易混淆的概念，但实际上它们有所不同。

贷款合并指的是将所有联邦贷款整合在一个账单中，贷款利率为原贷款利率的加权平均数。在贷款合并后，还款条件不会改变，所需支付的金额也与原来相同。贷款合并主要是为了方便，而非省钱。联邦贷款合并无需申请费，用户只需要在 StudentLoans.gov 网站上进行申请即可。[4]

而再融资是将所有贷款合并为一，不管是联邦贷款还是私人贷款。与贷款合并不同的是，再融资需要用新的贷款来偿还原来的贷款，随之算出一个统一的新利率。另外，再融资的资金通常由私人贷款机构提供，而非联邦政府。

再融资并不适合所有人，其中一个重要原因在于，将联邦贷款合并为私人贷款，意味着主动放弃大把的联邦福利。在大多数情况下，这种取舍并不划算。例如，在新冠肺炎疫情防控期间，联邦贷款的借款人会享有一些紧急救济福利，而私人贷款的贷款人则没有义务向借款人提供同等的福利。所以，你如果通过再融资将联邦贷款转化为私人贷款，就不再享有这些福利。在大多数情况下，不管私人贷款的利息有多诱人，都不值得你放弃这些联邦贷款的潜在福利。从另一个角度来看，虽然联邦贷款的利率较高，但换来的是基于收入的还款计划以及贷款豁免的福利。

提醒、警告的话已经说完了，你如果还是想再融资，那么可以思考一下以下问题：

- 支付月供有无困难？
- 基于收入的还款计划或者贷款豁免福利能否为你带来好处？如果能的话，再融资就不适合你，因为这些福利大有裨益，牺牲它们不值得。
- 你是否想取消贷款担保人？如果是，那么再融资可能是个办法。
- 如果你目前手上有一份私人贷款，利率较高或者容易浮动，那么你能否通过再融资获得一个较低或较固定的利率？

关于贷款利率和再融资的简要说明

利率像流行发型一样时常改变。20世纪80年代，平均抵押贷款利率为16.63%，而在本书完成之时，利率已经降到了3.052%，降幅颇大。所以当人们谈到为低利率而选择再融资时，通常是由于他们手头的原贷款的利率固定，且高于当时市场的固定利率。

即使再融资有可能让借款人在贷款期间节省利息，但要确定它是一个合适的选择，还有其他因素需要考虑。我要再三强调，对于学生贷款而言，向私人贷款方申请再融资服务，就意味着放弃联邦贷款的福利。需要记住的是，再融资也有其他方式，但在再融资时，你将背负一笔新的贷款。在计算再融资的真正成本时，你需要注意的是把贷款费用和其他因素考虑在内。你还要考虑到，有了新的贷款之后，还款时间可能会延长。

遭遇财务危机时有何可选项

在现状良好的时候去了解遭遇困境时有什么选项，听起来有点儿多余，但若能预计到未来的财务紧张情况，就能减轻一些压力。你可以查看自己的学生贷款有哪些延期还款或暂缓还贷的选项。

延期还款能宽限一段时间，这样你就可以延期偿还学生贷款。

多数联邦贷款会在借款人毕业后自动延期六个月。若借款人手头的贷款为贴息贷款，则延期期间不计利息；若非贴息贷款，则会产生一定的利息。

暂缓还贷与延期还款类似，允许借款人推迟还款。而其与延期还款的主要区别在于利息会累积，这就意味着剩余贷款会不断增加。利息累积是债务增长的一种方式，这一点我将在下一章进行阐述。

对于学生贷款而言，延期还款和暂缓还贷并不是长久之计，但在经历重大的财务危机时，它们也称得上暂时的灵丹妙药。

疏于打理债务的后果

疏于打理债务是要承担后果的。具体来说，你如果在宽限期结束前没有还款，就要缴滞纳金；如果还款逾期30天、60天、90天乃至120天，每个节点的拖欠都会被记录在信用报告中，并且每到达一个节点，信用评分就会下降一次。没错，这就好比已经把你打倒在地了，还要再踢你一脚。

如果你继续拖欠下去，可能会被认定为债务违约。这意味着，你可能会面临诉讼，最终导致工资或退税款被扣押。也就是说，工资在到你手里之前，会被从中扣除一笔钱用于偿还贷款。假如你申请的是联邦贷款，你有可能会丧失享受紧急救济的资格。

疏于打理债务并不能让它消失。即使申请破产，你也未必能免除学生贷款（不过，我真诚地希望这一点能尽快改变）。

学生贷款不代表你的全部

欠债只是一种境遇，而不是生活状态。欠债这件事并不能代表你的为人。你是一个生活在现代世界的普通人，有时必须去应对不尽如人意的状况和境遇。而人生不如意事，十之八九。正是在逆境中的所作所为决定了你的人生走向。你可以为自己的处境负责，努力偿还债务；可以为经济平等而奋斗，因为你不希望其他人像你一样债务缠身；也可以同时为这两件事而努力。不管怎样，债务都不能代表你的全部。

欠债是一种处境，
而不是身份

现实地评估投资回报

如果你还没有申请学生贷款，但正在考虑这件事，那么你有必要现实一点儿，评估一下相对于你的预期收入，学生贷款的实际成本是多少。记住，如果你可以通过借债来购买资产并且能负担得起还款，那么债务就是一条赚钱捷径。而如果你借的是学生贷款，那

挣钱不易，管好你的钱

么要投资的资产就是你的预期收入。

我曾遇到一位女士，在我认识她的时候，她的学生贷款债务已增长到25万美元左右。她在本科时就申请了学生贷款，而后在攻读电影艺术硕士学位时又申请了更多。她打算通过成为一名商业导演来偿还贷款。而颇为讽刺的是，她必须通过拍摄大众化的商业广告才能负担得起格调高雅的电影艺术硕士学位的费用。不过，她那时住在洛杉矶，所以这个计划倒也可行。但我想，她攻读硕士学位的初心不会是想拍摄叫卖加工食品和豪华汽车的商业广告。她真正的理想是拍电影，但这并不需要硕士学位。额外申请学生贷款攻读该学位是否值得？从投资的角度来看，很遗憾我并不确定；但从人生体验的角度来看，或许是值得的。

在申请学生贷款时，你要了解你所做出的取舍，研究你所在行业的收入水平，计算清楚债务的真实成本。当你决定从未来自己的口袋里掏钱时，你放弃了什么？你要确保这个决定对你来说是值得的。

练习

拿出一个周末，或至少一两个下午，好好了解你的学生贷款

你可以通过以下问题来了解你的学生贷款：

- 你申请的是哪种贷款？

- 欠款总额、利率以及月供分别是多少？

- 贷款服务机构是哪家？其客服电话和官方网址分别是什么？

- 偿清学生贷款的确切日期是哪一天？（可使用Unbury.me或其他计算工具。）

- 如果经济条件允许，你能负担得起多少额外还款？这对利息总额和清偿期限有何影响？（可在Unbury.me上查看。）

- 哪些贷款可以通过基于收入的还款计划来偿还？

- 你的职业是否符合贷款减免的要求？如果符合，哪些学生贷款有资格获得减免？你是否百分百确定你已经尽最大努力来获得学生贷款减免？你真的确定吗？

- 你的贷款是否能进行债务合并？你是否应该考虑一下这个方案？

- 你是否需要考虑再融资偿债？回顾第183页的问题来判断这一方案是否于你有利。

- 假如遇到财务危机，你可以选择哪些应对方案？你的贷款是否符合暂缓还贷或延期还款的条件？申请暂缓还贷和延期还款的流程分别是什么？

- 你是否了解不还款的后果？

- 你是否明白学生贷款并不能代表你的全部？区区学生贷款并不能说明什么，你的人生远不止于此。你是个活生生的人，正因如此才弥足珍贵。你是明白这一点的，对吗？

第四部分

善待（未来的）自己：
投资与退休

我们已经深入探讨过如何应对债务，是时候开始搭建无敌理财金字塔的另一层了：投资和积累财富。不管从哪个角度来讲，这一层都神秘莫测、奥妙无穷，将会颠覆你所有的固有认知，因为这一部分要讲的是如何让钱生钱。这是理财行业的基石，也是退休这一概念的立足之本：善用复利这种"神奇法术"，财富增长不再是梦。

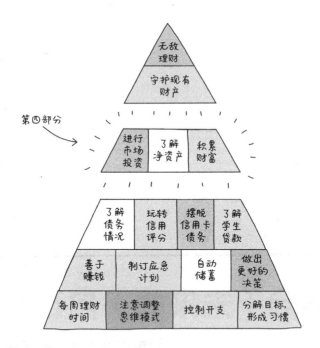

在第四部分，我将阐述投资的基础、如何看待投资以及为什么要投资。每个人都应该参与投资，这并非富人的专利。我也会阐述股市运行的一些潜在机制，教你如何获得专业帮助。

如何看待投资

你扔掉过多少枚一分钱硬币？有时在桌上看到它，有时找零拿到它，你是不是把它随手扔进了垃圾箱，没有放进口袋以备后用？你可能早就不用现金了，但你肯定见过人行道和公园草地上散落的一分钱硬币。人们觉得这些硬币并不值钱，将它们随手丢弃。我不是要指责你不尊重每一分钱，我只是想告诉你，一分钱是如何逐渐贬值的。

一分钱曾经是值钱的。1909年，一美分能买到一份《纽约论坛报》。1932年，美国南方铁路公司（Southern Railway）[①]的火车每英里只收取一美分。[1]或许你还听祖父母或姑婆说过，他们那时一美分能在当地的平价商店买糖吃。

| 100% | 80% 浓度的 | 60% 浓度的 | 50% 浓度的 | 40% 浓度的 |
| 纯威士忌 | 威士忌 | 威士忌 | 威士忌 | 威士忌 |

---

① 美国南方铁路公司现名为诺福克南方铁路公司（Norfolk Southern Railway）。——译者注

一分钱曾经可以买下一份报纸，怎么现在变成了钱包里毫无价值的累赘？你宁愿把它们扔掉，也不愿随身携带。

随着时间的推移，货币越来越不值钱，这通常是因为通货膨胀这一无形的力量在背后推动。通货膨胀是指物价逐渐上涨，货币随之贬值。这就像在一杯威士忌中加冰，冰块慢慢融化成水，稀释了威士忌。一开始你可能察觉不到区别，但冰块融化得越快，威士忌的味道就越淡。货币购买力（也就是钱可以买到什么）就像威士忌，而通货膨胀就像其中融化的冰块。虽然这一类比并不能完全解释通货膨胀的原理，但它很好地展现出通货膨胀的结果。

你可能觉得通货膨胀好似一股邪恶势力，它的力量越强，货币购买力就越弱。

例如，如果墨西哥卷饼的价格从2018年的5美元涨到了2019年的5.5美元，那么其价格就涨了10%。这个百分数可以体现通货膨胀的存在，并为计算通货膨胀率提供参考。

虽然通货膨胀可能会导致墨西哥卷饼的价格逐年上涨，但大多数经济学家都认为，适度的通货膨胀有利于经济增长。

当商品和服务的价格普遍持续下跌时，就会出现通货紧缩，这种情况往往发生在经济衰退时期。过度的通货紧缩会把经济推向更深的深渊，造成更严重的危机。比如，某个职位的时薪可能从25美元降低到20美元。长期的通货紧缩会导致经济停滞，继而引发更严重的问题。无须多言，薪资水平下降并不会带来繁荣的经济。

我们在日常生活中可以轻易看到、感受到通货膨胀的影响，但要理解其背后的原因却很难。引起通货膨胀的原因比较复杂，很多因素都会导致物价上涨。比如，货币供给增加和利率下降会刺激消费需求，而当供应链遭受冲击时，物价也可能随之上涨。

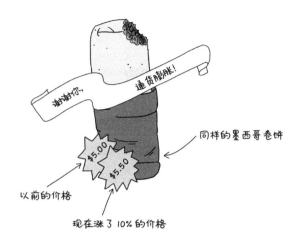

以前的价格
$5.00
现在涨了10%的价格
$5.50
同样的墨西哥卷饼
谢谢你，
通货膨胀！

如何衡量通货膨胀

仅仅用墨西哥卷饼的价格来衡量通货膨胀固然有趣，但实际并不是这么操作的。是否发生了通货膨胀或通货紧缩往往是通过消费价格指数（Consumer Price Index，CPI）来确定的，在美国该指数由美国劳工统计局负责计算并发布。为了收集相关数据，美国劳工统计局通常调查约23 000家企业，记录约80 000种消费品的每月价格水平。[2]

但消费价格指数也存在缺陷，并不是衡量通货膨胀的完美指标。金融专业人士和经济学家常常指出该指数低估了通货膨胀的程度。但无论情况如何，该指数都常被用作衡量通货膨胀。

美国劳工统计局每月都会发布通胀数据，你可以直接在统计局官网或发布财务数据的媒体上查看。[3]你应该熟悉通货膨胀这一重要指标，因为无论是从短期还是长期来看，它都有可能影响你的经济能力。

应对通货膨胀的长远之道：投资

从长远的角度来看，投资是应对通货膨胀的一种方式。仅仅长期存钱是不够的，你必须进行投资，否则你的钱一定会因为通货膨胀而逐渐贬值。

假设你今天在高利息货币市场储蓄账户里存了 10 000 美元现金，打算存上 30 年。如果年回报率为 2%，那么你每年可能会额外获得几百美元，30 年后你大概能取出 18 114 美元。这听起来非常不错，但是与投资收益一比，就相形见绌了。假设你今天投资 10 000 美元，年回报率为 5%，30 年后你就会获得约 43 219 美元。如果你只是把 10 000 美元放在床垫下，虽然 30 年后你的钱一分没少，但经过 30 年的通货膨胀，它会大大贬值。

30 年后，10 000 美元会变成什么

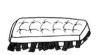

把钱放在床垫下   把钱放进年回报率   把钱放进年回报率
                 为 2% 的储蓄账户   为 5% 的投资账户

你仍有 10 000 美元，   你会拥有 18 114 美元   你会拥有约
但购买力不如从前   43 219 美元

如果你是第一次真正接触投资，感到有些无所适从，这完全可以理解。我担任理财规划师时，是所在理财规划团队中唯一的女性。当然，我并非一开始就是理财规划师。尽管我在真正晋升之前就已经承担了理财规划师的部分工作，但我还是不得不先从初级理财规划师做起。

有一年年底，公司为我所在的理财规划团队组织了一场男士酒会，这场酒会只对团队的男性客户、男性员工开放，而身为女性的我当然被排除在外。我虽然是团队成员，但却像个外人一样，无法真正成为他们的一员。公司里甚至没人质疑过是否应该调整活动计划，让我也能加入。

没有归属感也有好处，这迫使你时刻考虑他人的想法，自然就能帮助你拓宽思路，提高适应力。缺乏归属感也会让我觉得，不一定非要得到准许才能尝试新事物、探索新场景。我已经习惯这种无所归属也无拘无束的感觉，习惯尽情探索自己想探索的事物，去自己想去的地方。

尽管我从没觉得自己属于投资界，但我也从未因此停止过进入投资界的尝试。我一生都在想办法进入某些领域、接触某些人、得到某些事物，而一直以来，像我这样的人原本是不容易获得这些的。我想告诉你的是，不要因为这个行业里到处是穿着不合身西装的大龄白人男性，就让自己像电影《风月俏佳人》中被店员认为买不起衣服的女主角那般沮丧；不要因为那些人而觉得自己不属于这一行；不要相信他们那些打压你的鬼话，不要让它们成为你思想上的障碍。这些只是别人要给你套上的枷锁，并非你自身的不足。他们不过是因为自己相信机会和权力应当由某些人独享，便想要你也相信这一套。让他们见鬼去吧！

人人都可以投资，在当今更是如此。投资不需要你衣冠楚楚地去银行，也不需要你认识懂行的人或者自己懂行。你可以舒舒服服地待在家里，穿着睡衣，一边放着电视剧，一边创设投资账户。

如果你之前对投资有抵触情绪，本章余下的部分或许能助你直面造成抵触情绪的种种想法。对投资的抵触就好比某个身体部位的紧绷，如果置之不理，不努力放松应该放松的、增强需要增强的、释放应当释放的，身体就会寻找别的途径来弥补不便之处，这很可能导致过度代偿，引发种种新问题。这些问题会分散你的注意力，让你无法专注于真正的问题。

因此，让我们来深挖根本、解决真正的问题，放宽心去投资吧。

"只有富人才投资"

是成功人士往往早起，还是早起才能成功？这个问题涉及因果关系与相关关系的区别。难以区分因果关系和相关关系是生活中常见的逻辑谬误。

是只有富人才会投资，还是先开始投资才能富起来？

这是个值得思考的问题。

212

很多人认为只有富人才能投资，而事实是大多数人只有通过投资才会变得富有。我来告诉你一个天大的秘密：投资不需要先赚上一大笔钱。你现在就可以去投资，从投一点点钱开始。随着时间的推移，你的投资会积少成多。

"我没多少钱可以投资"

你不需要等到手上有15 000美元时才开始投资。在起步阶段，你可以每月先拿出25～50美元。开始投资和开始做别的事一样，你要做的只是始于足下。坚持一段时间后，你可以回顾自己的进步。我希望一年后，你能看着投资带来的意外之财，找到坚持投资带来的成就感，这种成就感会激励你继续前进，不断提高自己的追求。

"我不想赔钱"

从长远的角度来看，由于存在通货膨胀这种看不见也摸不着的奇妙力量，不投资就意味着一定会赔钱。你只要问问上一辈人过去一盒牛奶或一条面包的价钱，就会明白通货膨胀是怎样逐渐让钱贬值的。所以你如果真的不想赔钱，就会明白投资的必要性。

"现在不是投资的好时机"

所有的逃避行为都源于"现在不是好时机"这一想法。无论做什么，这种想法都会拖你的后腿。所谓完美的时机，多半是不存在的，无论是换工作、恋爱、结婚、离婚、搬家还是创业，莫不如是。不要因为觉得时机不对便踌躇不前，把目光放长远些，你会意识到越早开始投资，投资时间越长，就有越大的概率创造财富，让自己在经济上有保障。

"时间还有很多，所以再等等也无妨"

即使你晚些时候真的开始投资，也会后悔自己没早点这么做。我就希望自己能再早些开始投资。越早投资，收益越大，而且通常来说，长期投资远比高额的短期投资更划算。就算你只是攒点小钱，为生日或者毕业做准备，也是越早开始越好。记住，复利是需要花时间积累的，起步晚了就很难再追上。用不着我说什么，你自己算算就明白了。

案例一	案例二
贝萨妮从 25 岁至 35 岁每年投资 5 500 美元	查理从 35 岁至 45 岁每年投资 5 500 美元

假设他们到 65 岁时，平均每年可以获得 6% 的回报

贝萨妮最终获得 416 370.79 美元	查理最终获得 232 499.27 美元

214

"但投资不是不道德的吗"

答案是当然不道德。从前，暴力、殖民、战争和剥削是财富积累的主要途径，投资和赚钱总是与殖民主义和父权社会密不可分。比如，欧洲殖民美洲的主要目的就是赚钱。华尔街在成为交易股票和债券的金融中心之前，只是一个进行人口买卖、奴隶交易的场所。当然，我们也可以投资有社会责任感的公司，但投资的本质就是剥削和压榨。我们每天使用的产品都带有剥削性质，而且目前既没有方法改善现状，也没有什么灵丹妙药能提高投资者的道德水平，但情况在慢慢地改变。如果我在十年前向理财顾问提议做一些投资以回馈社会，一定会被大肆嘲笑一番，但现在他们会慎重考虑这个提议。

身处人类社会，我们总是不断地让步和妥协。我们得衡量获取收益的成本，运用二阶思维并听从直觉。我认为如果出于良心而不去投资，对许多普通人而言都是弊大于利的。要过好日子，很多人其实都需要利用好复利效应，如果他们不去投资，就会产生既有害又不必要的二阶后果。投资是为了应对通货膨胀和生活成本上涨，赚钱养活自己。我认为大多数人并没有追求暴富的野心，也不会用赚来的钱干坏事，而且反抗不平等与存钱养老并不矛盾。我希望越来越多的人能够了解历史、认清现实，也希望政府能够出台相关政策，应对不平等问题，为遭受不公的人提供补偿，让每个人都有望获得救赎。但在那之前，我们得接受现实，不要冲动行事、自讨苦吃。

"我不太了解投资，有些顾虑"

以社交媒体为例，即使你可能对这些软件并不了解，还是会下载、注册，并提交个人信息。爱好、专业也一样。无论你是爱好陶艺、园艺还是木工，在接触之前你肯定对它们一无所知。无论你的工作是出版书籍还是别的什么，你对这一行之所以了如指掌，或许源自在业内长达十年的耕耘，而非天生就具备这些知识。就算你得到了类似神谕的启示，拥有某些知识，你仍需要花时间磨炼手艺，不断学习进步。

当然，如果你目前还不太了解投资，无法打消顾虑，这也是可以理解的。但明知如此，却不想办法了解和学习，是不可取的。这只是你逃避问题的借口。如果你的确有这方面的问题，为什么不敢面对？没有人知道为什么，除了你自己。请想一想，你是在害怕学会投资后迷失自我吗？你担心朋友和爱人会因此离你而去吗？你害怕因发现自己有多么无知、多么无趣而痛哭流涕吗？你是否担忧将不得不面对过去的错误和财务方面的疏忽？你担忧退休问题吗？你只是追求安稳、保持安逸吗？

无论答案是什么，现在开始投资可以预防将来出现财务问题。与债务相反，投资就是把钱装进未来自己的口袋里。你如果想在年岁增长、满脸皱纹的时候，过上惬意的老年生活，就应该趁自己还年轻、勇敢的时候开始投资，赚钱防老。

练习

投资自己的未来

　　画一幅年老时的自画像，并给未来的自己写一封信，承诺你会花时间学习本章。这样一来，你就能了解投资，并开始赚钱防老。

- 你对投资怎么看？
- 你希望自己年老时如何看待投资？
- 你对退休怎么看？
- 你希望自己年老时如何看待退休？

画一幅自己年老时的画像

怎样玩转股市

婚姻的乐趣之一就在于，你可以观察你的爱人受过怎样的教导和熏陶。我与我爱人在成长环境方面并没有太大差别，但说实在的，我爱人在成长过程中的一些体验，是我家里人不会花钱或者没有钱去做的。比如，去游乐园时，我们家总会自带食物，而他们家就不会，因为对他们家来说，游乐园的食物虽然昂贵，但也是体验的一部分。不过，我父母会花钱送我去夏令营，而我爱人暑假则会在家里和兄弟姐妹、祖父母一起或者独自一人度过。

有一次，我与爱人和其家人去拉斯韦加斯游玩，我发现双方家庭在旅行时的做派也很不同。在我们家和亲戚们去拉斯韦加斯玩的时候，大人们把我们十来个小孩子留在酒店房间里，让我们自己玩，而他们会轮流看护我们，其他人去赌博。我们每日三餐吃比萨、喝汽水，就已经很开心了。假如只有我们一家的话，我们也从不会花钱享受娱乐活动。我们的娱乐活动就是在商业街上散步，欣赏沿途的风景、灯光和人群，这不用花一分钱。

但我爱人的家人会把钱花在娱乐和体验上，他们会去看演出、做水疗、购物。有一天晚上他们要带我去看拉斯韦加斯表演秀，我非常惊讶，此前我在拉斯韦加斯玩的时候从未看过。冥冥之中似有天意，我们当晚去看的是克里斯·安吉尔（Criss Angel）的街头魔术。

你可能并不了解克里斯·安吉尔，他是魔术界的坏小子：他留着一头长长的黑发，一片斜刘海盖在额前，就像21世纪初的朋克青年一样；有时候他也会画上眼线，穿上锃亮的皮裤。我之前听说过他，但我对他的了解也仅止于此。当时去看演出的原因已经不得而知了，但这场演出并没有让我失望。整场表演精彩纷呈，给我留下了深刻印象。

那次的经历让我了解了几件事。我见识到了拉斯韦加斯超高的演出制作水准——即使你可能对演出内容的兴趣不大，比如魔术坏小子，你依然会觉得演出新奇刺激、娱乐性十足。我还知道了克里斯·安吉尔的魔术表演能以假乱真，令人惊骇不已。我得承认，他制造出来的舞台幻象看起来实在是过于真实，我都被吓到了。我甚至心想："这家伙可能真的是什么神灵鬼怪，不知怎的来到了地球，突然决定要做回自己。为了不被拆穿，索性成为一个著名魔法师。"

克里斯·安吉尔出神入化的魔术表演在我脑海中萦绕了好几天。他是怎么在一阵烟雾中嗖的一下从舞台上移到观众中间的？即使有暗门，他移动得也太快了吧？他也不可能有替身。时至今日，我依然觉得震撼。

我知道魔术背后有许多门道，并不像表面看起来那么炫酷，但我却一直为之着迷。虽然还没有到痴迷的地步，但每次看魔术表演，我都觉得很兴奋。魔术常常颠覆观众的预期，让人大吃一惊，无法解释自己刚刚看到了什么，这种感觉让我十分享受。看魔术表演总能让我重拾孩童时的好奇心。

我们生活中也有很多神奇美妙的事物，我努力不把它们视为理所当然。一粒种子从发芽到开花结果，最后成为我们的盘中餐——

我们当然可以用科学去解释这个过程，但这并不影响它的神奇。我们可以把巧合解释为概率事件，也可以把它看成魔法。比如，数学就比我们想象的要神奇得多。音乐能够让我们产生联结，给我们带来感动，让我们感受到难以言表的东西，而它其实完全遵循数学规律。乐曲的韵律节拍、乐音之间的音程和声波的震动都是数学，但它们合在一起就能给人带来奇妙的感受。从反映植物生长方式的斐波那契数列到艺术设计常用的三分法，自然与艺术之美中处处是数学。

金融的魔力是吸引我进入这一行业的原因之一。金融界好像有什么独门秘籍，那些金融从业者似乎不费吹灰之力就赚得盆满钵满。我选择学习金融，是因为我想知道这一切是如何在幕后运作的。钱都去哪儿了？如果银行从我的存款里借出一美元，那么它是不是可以像变戏法一样收回两美元？那些看似愚蠢、口若悬河、西装革履的理财销售人员是如何变得如此富有的？他们是怎样拿别人的钱去赚更多的钱的？他们在骗谁？他们在骗我们吗？

遗憾的是，一些金融从业者会利用假象欺骗别人来牟利，因为整个体系都在鼓励这种行为。在有些情况下，这种行为是恶意的；但有些时候，这种行为是出于善意。要想学会区分二者，第一步就是了解投资理财背后的数学原理。

首先，我们来了解一下复利这个堪称魔法的概念。复利就像一夜之间长出来的一片蘑菇，迷人而怪异。复利在投资方面大有用处，但在债务方面，复利有可能对你不利。如果你曾经借过钱，最后却欠下了数倍于本金的债务，那么你体验到的正是克里斯·安吉尔式的复利黑魔法。

接下来，我将为大家表演如何用复利黑魔法让你的学生贷款欠款翻倍。

神奇的复利

由于贷款需要支付利息，还贷的金额总会高于本金。有时高额的利息不断叠加，而还月供的速度远远赶不上利息叠加的速度。这种情况在信用卡和薪水贷中最为常见。我们在第三部分提过，信用卡和薪水贷就是为了让借款人深陷债务泥潭而生的，罪魁祸首就是复利。

不过，凡事都有两面，在不同的情况下，同一件事的利弊属性不同，复利也不例外。在借款时，复利会让你越欠越多，而在投资和理财时，复利则会让你的收益节节攀升。复利的强大和神秘无以言喻，接下来我们用数学题举个例子。

你会选择一下子拥有100万美元，还是在一个月内，以一分钱为起始金额，每天得到前一天总额翻倍的数目？让我解释一下方案二：第一天得到一分钱，第二天将其翻倍，也就是两分钱，以此类推，第三天翻倍至四分钱，这样持续一个月。这听起来可能有些不靠谱，在某种程度上倒也确实如此。以下是数学计算结果：

一分钱每天翻一倍，持续一个月

七月 4	**七月 5**	**七月 6**	**七月 7**	**七月 8**	**七月 9**	**七月 10**
$0.08	$0.16	$0.32	$0.64	$1.28	$2.56	$5.12
七月 11	**七月 12**	**七月 13**	**七月 14**	**七月 15**	**七月 16**	**七月 17**
$10.24	$20.48	$40.96	$81.92	$163.84	$327.68	$655.36
七月 18	**七月 19**	**七月 20**	**七月 21**	**七月 22**	**七月 23**	**七月 24**
$1 310.72	$2 621.44	$5 242.88	$10 486	$20 972	$41 943	$83 886
七月 25	**七月 26**	**七月 27**	**七月 28**	**七月 29**	**七月 30**	**七月 31**
$167 772	$335 544	$671 089	$1 342 177	$2 684 355	$5 368 709	$10 737 418

　　如果选择方案二，那么最终得到的金额会远高于方案一中的100万美元。这是复利作用机制的极端案例。还有一种简单粗暴的理解方式：滚雪球效应。

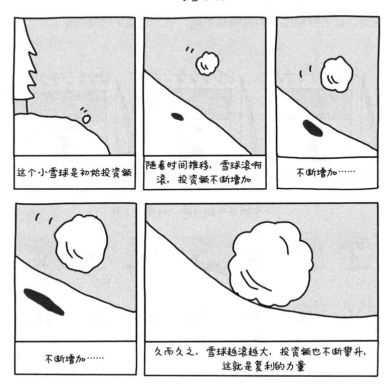

随着复利而不断增长的金额就像从山上滚下来的雪球。刚开始的小雪球代表初始投资额，山代表时间，雪球在滚落之时带走的雪就代表在投资中赚得的股息及利息。

如果你不动用投资本金和收益，而是让它不断累积，那么最终收益也会成为投资额的一部分。也就是说雪球更大了，表面积也更大了，这就意味着它能越滚越快，越滚越大。

再来看看现实生活中的例子。假设爱丽丝从25岁开始存钱，每个月存438美元，持续42年，直到67岁退休，最终她的储蓄额达到了220 752美元（438×12月×42年＝220 752美元）。不过在这段时间里，她的年平均投资回报率为6%，因此到了67岁，她的退休金账户余额会增加到100万美元。天哪，爱丽丝，干得漂亮！

这些例子说明了复利的强大。如果不好好利用这个疯狂的、人为创造的钱生钱的方法，那么这将会是你的损失。不过复利的好处看上去过于诱人、不切实际，在某种程度上也的确如此。下面我来解释一下。

复利的问题在于它产生的原理——投资额的增长从何而来？简单来说，假设你买了一家公司的股票，作为股东，你的投资额的增长源于股价上涨以及股息，而股价上涨以及股息回报往往得益于企业的发展壮大。当然，企业可以通过迎合日益增长的消费需求、提高销售额来赢利，但另一种方式是削减成本，而企业的主要成本通常是员工工资。

1948—1971年，美国小时工的工资与其生产能力成正比增长。但自1972年以来，我们发现，劳动者生产力持续大幅增长，而其工资水平却没能跟上。1979—2018年，劳动者生产力增长了69.6%，但工资仅上涨了11.6%。换言之，劳动者生产力的涨幅为其薪资的六倍。

如果劳动者生产力提高了而薪资没有，那么额外的生产力，也就是额外的钱去向了何方？它可能以各种方式被用于投资：可能是再投资在公司身上；也可能投进了养老基金，作为劳动者以后的福利；还可能纳入了雇主和劳动者共同受益的利润分享计划。

另外，对于上市公司（在股票市场上出售所有权股份的公司）而言，更常见的情况是，额外的生产力的价值归属于公司股东、所有者和管理层。谁拥有股份，谁就受益。

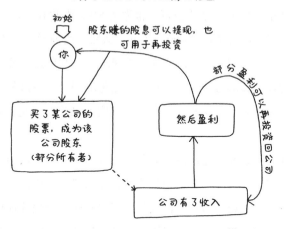

投资者获利方式的极简流程图

初始

你

股东赚的股息可以提现，也可用于再投资

买了某公司的股票，成为该公司股东（部分所有者）

然后盈利

部分盈利可以再投资回公司

公司有了收入

　　这就是从股市中获利的原理。公司为了盈利，会保证开支少于收入。要达到这个目的，其中一种方式就是在公司收入增加的同时控制员工薪资水平。这就意味着公司员工的价值被低估，无法得到应有的薪资，而他们通过劳动创造的价值却以股息或者利息的形式归属于所有者和股东。

　　当一家公司可以发行股票并在股票市场上进行交易时，这意味着它是一家上市公司。上市公司类似于一个有公众生活的人，例如英国女王或著名歌手约翰·传奇（John Legend）。如果你是一个公众人物，大众对你的行为就会有所期望；如果你是一个公众人物，你就不能无知愚昧和伤害别人。这是你工作的一部分，你要履行社会契约。

　　上市公司也必须达到一些期望。华尔街或专业投资者和业界人士都希望这些上市公司能赚钱，迅速成长，做大做强，然后给股东分红。

例如，苹果公司现在卖出了更多的手机，削减了成本，并且本季度比上一季度赚了更多钱。当它赚到更多钱时，它很有可能会向股东支付一些股息。2020年4月，苹果公司支付了每股0.82美元的股息。[1]这听起来并不多，但请参考本章开头的插图，你就会知道如何积少成多。

公司为什么要支付股息

之前我已经讲述过公司对自己的员工是多么吝啬，那么支付股息这种慷慨的行为不是显得很奇怪吗？但公司支付股息是有原因的，这是一个循环的逻辑。当你意识到这究竟是怎么回事时，支付股息就好理解了。

公司支付股息是为了吸引和留住投资者，这有利于股价上涨。通常情况下，在向投资者和股东支付股息后，公司的股价会上涨，因为人们期望公司经营得更好，有能力支付更多股息。华尔街希望股价长期上涨，因为这是投资价值增长的另一种方式。如果你拥有的东西升值了，它就会变得更有价值。上市公司的高层管理者很可能以股票或股票期权的形式获得一些报酬。因此，他们有动力将股东的利润最大化，因为他们自己往往也是股东。

从逻辑上讲，投资者如果希望获得股息，就会投资你的公司。当很多人都购买同一只股票时，股价往往会被抬高，公司可以发行更多的股票。这意味着它可以筹集资金，投入公司使其发展壮大，这也意味着它可以赚更多的钱，然后支付更多的股息，进而使股价上涨，循环往复。

这听起来怎么样？我认为这一切都蠢透了。当看到股息进入自己的投资账户，或者我所拥有的东西的价格上涨而导致其价值上升时，我还是会大吃一惊，因为我没有做任何事。

当坐下来好好思考这个问题时，我觉得这一切都很虚假、很愚蠢，但这就是投资和现代经济的运作方式。这对地球来说不是好事，因为它假定公司可以不断增长，而忽略了其对环境的危害。如果由我来决定，我会说，我们都不要再相信这种无限增长了，但很多从这个系统中受益的人并没有迅速抛弃它而选择新事物。不可否认的事实是，随着在这个系统中的参与度越来越高，我的受益潜力也越来越大。我没有那么高尚的品德可以忍住不参与这种"炼金术"——用我自己的钱赚更多钱。我告诉你，这是该死的黑魔法。

我认为在促进这种行为的机制改变之前，我们必须改变对经济增长的期望。有一个非常简单的方式可以帮助减少剥削：把员工创造的利润拿出来，让他们从中受益，而不是把它提取出来，重新分配给雇主、股东和经理。许多公司通过在员工身上进行再投资，提供利润分享计划，让公司变成员工所有，或通过股票给予员工一些所有权。一些初创企业的创始人甚至开始重新定位他们的目标，从"让我们建立一个创收10亿美元的公司"到"让我们建立一个让所有人都能实现自身价值的公司"。区块链技术也开始向人们展示社会如何建立去中心化的平台，从而使更多人得知到底是谁从某件事情中受益。虽然我经常会对这些运作机制感到沮丧，但我乐观地相信世界会变得越来越包容并蓄，我们只是需要一些时间来让这些想法大规模付诸实践，产生有意义的影响。

在这一天到来之前，如果你想将投资这件事纳入自己的控制圈，其中一种方法是选择社会责任投资（SRI）。社会责任投资是指把资金投给公司和投资组合，这些公司和投资组合既要为投资者创造回报，又要通过将资金投入可持续发展或具有社会影响力的领域来产生影响。可再生能源企业或选择投资员工的公司都属于社会责任投资公司。我之所以对未来满怀希望，另一个原因是在过去十年中，人们对社会责任投资的态度与其创造的回报发生了很大的变化。当我刚开始从事金融工作时，可供选择的社会责任投资机构非常少，而且如前所述，每当我说起这些机构时，业内资深人士都会傲慢地嘲笑我。如今，这些基金确实为投资者创造了与其他投资方式相当的（有时甚至是更好的）回报，而且它们越来越普遍，办理手续便捷。

我希望这是给予员工和世界更多关爱的一步。虽然我可能对此过于乐观，但我相信人类可以用想象力和创造力来重新调整企业、人类和地球之间的社会契约。了解这个机制的运作原理，就是这一切的起点。

如何着手投资：基础知识

投资领域极其广泛，本书不会带你踏上探索投资的漫漫长路，不会讨论期货或加密货币等。本书是你投资旅程的第一步，所以我只给你传授一些需要知道的基础知识，以便你为着手投资做好准备。各位，请系好安全带，我们即将出发，迎接知识风暴。

谈到投资，有三个主要概念需要掌握，它们都关于风险管理，以防你血本无归。好消息是，你不需要知道如何评估风险管理能力。在创建投资账户时，你就会用到风险评估工具，它以问卷的形式调查你对风险的认知（风险承受能力）、你将如何使用资金以及何时使用（投资时间线）。虽然法律要求投资前必须进行风险评估，但当填写完问卷并查看生成的图表时，你最好还是了解一下这些概念是什么意思。

概念1：时间方面的风险，即你什么时候需要收回投资的钱

从本质上讲，投资非常简单，基本上是风险与回报的关系。投资时你能承担多少风险取决于你能承担多长时间的风险。换句话说，你承担的风险取决于你何时需要收回这笔资金。

打个比方，如果你现在24岁，并且正在投资一个至少未来40年不会动用的退休金账户，那么你现在可以承担较多风险，从而争取获得更多回报，随着年龄的增长，你承担风险的能力也随之增强。但是，如果你打算在未来十年内买一套房子，你就无法承担太多的风险，因为你没有40年的时间来应对人生的起起伏伏。如果你下个月就需要用账户上的钱支付房租，那么你现在根本不会投资，因为你无法承担损失。

在准备投资时，你可以在应用程序里输入你需要收回这笔钱的时间，你如果比较喜欢与真人互动，那么可以告知相关工作人员。对一些人来说，最困难的不是如何投资，而是投资什么。

概念2：资产配置

我们也可以通过资产配置来实现风险管理。资产配置是根据每种资产类别的固有风险，将投资进行组合。你可以把它想象成烹饪一顿搭配均衡、色香味俱全的晚餐，或者留意一下摄影作品中的各种元素。

股票、债券和现金是不同的资产类别，属于众多资产类别中的三种，对此我暂且简单地讲解一下。

不同的资产类别有不同的运作方式及其固有风险。一般而言，股票的风险高于债券，债券的风险高于现金。这就像闭一只眼单手骑自行车要比两只眼睛都睁开且双手骑自行车危险得多。

资产配置是根据投资者的风险承受能力，选择相应资产类别而形成的投资组合。投资组合的集中度对于风险管理很重要。一名持有一只股票、一种债券、一美元和一栋房子的投资者似乎拥有一个平衡的资产配置，因为每种资产都有，但这种配置没有考虑每种资产的价值。这也是为什么资产配置通常用饼图表示。饼图能更清晰地展现资产配置的比例，以便你更好地理解不同资产之间的关系。

概念3：多样化

多样化不仅体现为资产类别的多样性，还体现为每种资产内部的多样性。假如不同水果代表不同资产，核果是股票，浆果是债券，瓜类水果是现金，那么每种类别都包含若干种不同的水果。

核果类包含桃子、杏子、李子、芒果和樱桃，浆果类包括草莓、蓝莓、覆盆子、醋栗、黑莓、博伊森莓等，而西瓜、橘色哈密瓜和绿色哈密瓜是几种不同的瓜类水果。每个品种都有不同特点，比如来自世界哪个地区。这有助于分散风险，比如你持有境外股票，或者说拥有猕猴桃，就可以缓冲自己国家油桃市场的影响。

别担心，你不需要选择境外股票，大多数投资都是通过购买基金份额来实现的。

对大多数人来说，投资就是把钱投入基金

基金就像一个装满多种水果的篮子，篮子中的各种水果是不同类型的资产。基金可以让投资者（比如你和我以及你最好的工作伙伴）将资金集中起来，进行更大的投资，这远超一个人的投资金额。你可以通过多种渠道投资不同的领域，这样风险也会小得多。

把资金集中在一起，投资者就能进行一个人可能无法独立负担的投资。举个例子，你如果想投资特斯拉，就可以买一股它的股票，但这样做有两个问题。第一个问题是成本。在撰写本章时，特斯拉的股价刚刚突破600美元/股。你如果没有600美元的本金，就无法投资特斯拉。尽管你可以通过某些投资平台购买零星股份，但研究自己想要购买的每只个股也需要花费时间和精力。第二个问题是风险。仅仅购买一只股票是有风险的，这就像在轮盘赌桌上你只能对一个数字下注600美元一样。

基金是一篮子投资组合

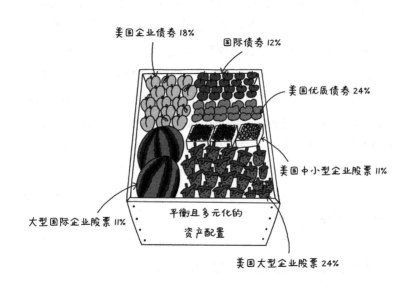

如果你购买了持有特斯拉股票的基金，那么你其实是在少量投资特斯拉，而且风险要小得多，因为你同时还在投资其他公司。购买基金就像是和十个朋友每人凑了60美元，然后在轮盘赌桌上对多个数字下注。

有时，基金的投资对象也可以是其他各种基金。你在投资的时

挣钱不易，管好你的钱

候大概率会选择指数基金或交易所交易基金。

投资并非选股

如今的财经媒体可能会让你误以为所有的投资都涉及挑选股票。这些媒体制作的节目相当奇怪，看似噱头十足，实则故弄玄虚。有一档非常受欢迎的电视节目，主持人是个秃顶的白人老头，他穿着衬衫，总是把袖子卷过肘部。我常常忍不住想：他为什么不干脆穿一件没有袖子的衬衫呢？在每一期节目中，他都会谈论经济情况、某些公司和股票。这可能会误导你，让你觉得投资就必须挑选个股。事实上，这种类型的财经媒体，甚至大多数财经媒体，都不适合希望投资退休金账户的普通投资者。它们适合希望用额外资金做投机买卖（赌博）的人，或者主动挑选股票、管理投资组合或基金的专业投资者。虽然投资可能涉及选择个股，但对普通投资者来说，你可以购买指数基金或交易所交易基金，不必自己选择个股。

对有些人来说，挑选股票可能很有趣，就像有些人觉得露营很有趣一样。而对其他人来说，露营意味着不得不经历一些自己一直在极力避免的事情，比如睡在野外，挨冻，上户外厕所，身上脏兮兮，而这些本没必要经历。你如果不喜欢，就不必勉强自己挑选个股或露营，你还有其他选择。

指数基金和交易所交易基金

指数基金和交易所交易基金是将多项投资组合成一个基金。它们都采用被动式管理，这意味着管理基金的个人或团队很少主动调整基金中的投资组合。这类基金一般基于某个指数，比如标准普尔500指数（简称"标普500指数"），该指数用于衡量在美国上市的500家大公司的股票情况。指数既可以代表整个市场，也可以代表市场中的特定行业，比如零售业或能源行业。

指数基金和交易所交易基金的优点在于，它们比主动型基金要便宜得多。主动型基金的基金经理会主动选股，这正是该类基金更贵的原因。指数基金和交易所交易基金都是被动管理的，指数包含什么股票，你投资的就是什么股票。交易所交易基金和指数基金的主要区别在于它们的买卖方式，前者在交易日买卖，后者则在交易日结束时买卖，但这对大多数人的实际操作并没有什么影响。

这两种基金的另一大区别在于，指数基金可能有最低投资要求，而交易所交易基金没有。举个例子，如果你通过先锋领航投资管理公司开了一个账户，想要投资指数基金，你就会发现该公司旗下的大部分指数基金都有3 000美元的最低投资额。而投资交易所交易基金则没有这数千美元的门槛。事实上，Betterment这样的投资平台不存在最低投资要求。如果你的公司提供退休福利计划，那么你可以立即参与，因为它不设最低要求，随时可以开始投资。

打理退休金账户是很好的投资入门手段

如果你可以参加公司的退休福利计划，例如401k或403b计划，那么开始投资应该很容易。首先，你可以联系人力资源部，或询问了解如何参与该计划的任何人。他们可能会让你填写一些文件并选择用多少薪水投资，这就是你要做的全部工作了。

参与了公司的退休福利计划，你的投资就会自动完成。你还来不及消费，这笔钱就会从你的薪水中扣除。这项储蓄计划具有强制性，你无须对着个人理财等式苦苦思索如何决策，还可以防止自己乱花钱。现在，一些公司开始让员工选择是否退出退休福利计划，而非选择是否加入，你甚至不用注册也不用填写表格就可以开始退休储蓄。

如果你的公司没有退休福利计划，那么你可以向个人退休金账户（IRA）缴款。如果你是个体经营户或小企业家，那么除了个人退休金账户，你还有更多选择，比如申请个人雇主账户或加入单独的401k退休福利计划。企业会计师可以充当你的好帮手，替你比较每种退休金账户的优劣，帮你确定哪一种最适合目前的纳税状况。

大多数退休金账户都设有目标日期基金

目标日期基金是根据投资者的预期退休日期而建立的投资工具，属于指数基金的一种，"目标日期"指的就是退休日期。目标日期基金会考虑你何时需要用这笔钱，并根据退休日期进行多样化资产配置。它将投资的时间风险、资产配置的多样化都纳入计算，自动安排好每年的投资。因此，随着你临近退休，该基金会转向投资风险更低的资产类型。你设置好了就可以一劳永逸。

有一个投资新手常常忽略的小细节：在参加公司提供的退休福

利计划或设置个人退休金账户时，要记得选择想投资的目标日期基金。没有选择就等于没有投资。这是个很小的细节，但不容忽视。通过平台注册很难犯这样的错误，但我也听说有些人自认为给退休金账户缴款就是投资，到头来却从未选择要投资的基金。

现在，选择这一步通常是自动完成的，但你也别忘了再检查一遍。无论是查看收到的投资报表，还是登录自己的账户查询已投资的基金，抑或打电话给负责公司退休福利计划的财务顾问，你都可以找到答案。

要为退休存下并投资多少钱（理论篇）

这个问题的答案各不相同。其一是多数人都秉持着笼统观念：越多越好。有些人每年都尽可能多地把钱存入退休金账户。而大多数理财专家，比如理财规划师，都会建议从20多岁开始把收入的10%~15%存起来。还有一种说法是养老金的数额达到年薪的20~25倍为佳。你还可以使用在线计算器来了解自己应该存多少钱，Smart Asset公司做的那款计算器就很好用。[2]

在线计算器靠假设生成预测结果，但结果并不一定准确。毕竟没有人能掌控市场的走势。那些顺利退休的人不但做了该做的事，比如存足够的钱，而且往往运气不错。他们可能在职业生涯初期就早早找到了合适的实习机会，可能毕业的时候遇上了大好的经济形势，也可能没有学生贷款等债务缠身，或者无须照顾身患绝症的家人。

我不知道以后会变成什么样，也不知道当我退休的时候社会保障如何。

我们所了解的退休是相对较新的概念。在1889年现代养老金概念出现之前，大多数养老金都是针对军人和退伍军人的。养老金最初就是为了补偿退伍军人，而不是为了让工人最终能够退休。

德意志帝国第一任首相奥托·冯·俾斯麦（Otto von Bismarck）于1889年提出了现代养老金和退休的概念，但这完全不是因为他关心退休的老年人，而是为了抢先一步将社会主义运动的苗头熄灭。此后，养老金制度传遍了整个欧洲，又传到美国。

随着时间的推移，大家渐渐不再使用"养老金"这个叫法，现在我们叫它固定收益退休计划，因为通常情况下，养老金的收益是固定的。公司代表员工投资养老金，并确定员工退休后的收益。以某个固定收益养老金为例，它会确保每月给退休员工支付2 200美元。

与之相反的是固定缴款计划，目前大多数公司都转向了这一模式。固定缴款计划并不规定员工在退休后能得到多少钱，而只确定公司现在要向员工的退休金账户存入多少钱。例如，一个公司可能会将员工缴纳金额的3%存入员工的退休金账户。这一变化表明，保障退休的责任已经从雇主转移到员工身上。

直到1978年，401k退休福利计划诞生，我们才开始了解退休制度什么时候有效，什么时候失灵，以及关于它的哪些假设可能存在缺陷。

退休的概念一直在变，其内涵也不断被重新定义。很多人都认为他们会一直工作下去。虽然我也很愿意"一直工作"，但我知道到了某一天，社会可能不再需要我来工作了，我会变得无关紧要。工作40年后，在生命的最后一段时间里不做任何工作——这是传统意义上的退休，但这对我来说并不正常，也毫无吸引力。

我对退休的看法或许跟大多数人没什么不同。我打算继续积累资产，比如有利可图的业务、可出售或可授权的知识产权，把赚到的一部分钱存起来进行投资，并不断对财产估价，我期望得到满意的结果。

如何为退休存钱并投资（实践篇）

传统的工薪族通常都有雇主提供的退休福利计划，所以从理论上讲，每次发工资时自动存上一笔钱很容易。但难做的是建立好这个体系，进而付诸实践。不管什么原因，你如果还没着手为退休存钱，那么可以从现在开始。记住，开始行动比什么都重要，有时从小额投资入手也无妨。即使你现在只能拿出1%的薪水进行投资，也请从现在开始。

每当有收入的时候，你都拿出一部分进行投资，这是一种系统的投资方式。无论市场行情如何，你只要赚到钱，就去投资。这是另一种降低投资风险的方法，因为你以不同的价格购买基金份额，而不必把握市场时机。这种方法被称为平均成本法。

如何才能既存到钱又去投资，这又回到了个人理财等式概念。虽然我已经讲过多次，但以防大家忘记，我们再回顾一遍。你可以从日常开销中省下一笔钱来投资，也可以在存够应急存款之后继续拿出相同数额的钱去投资，你还能用每月还贷款的钱进行投资。如果你每月要支付350美元的学生贷款，那么在还清贷款后，你可以每月继续拿出350美元进行投资。我知道每个月用这350美元随心所欲地消费会让你过得有滋有味，但不要忘记享乐跑步机。一开始花350美元可能感觉良好，但最终这种快乐会消失。投资也是如此，一开始你可能会有挫败感，但最终这种挫败感也会消失。

如果涨薪水了，你就可以用增加的那部分工资进行投资。这些方法中的任何一种都颇有成效，当然同时使用其中几种方法也是如此。前文提到，自由职业者和个体经营者更具优势，因为他们往往拥有更多的自主权来掌控自己的收入。他们可以接更多的工作或者雇用他人干活来提高收入，这样每个月就可以拿出几百或上千美元进行投资。

自由职业者和个体经营者面对的情况也更加复杂，因为他们的收入不稳定，所以在投资时不能当甩手掌柜，完全让别人代劳。他们可以使用我在第四章提到的方法"手动"进行投资。让我们回顾一下这种方法：你可以从收入里自动扣除一小部分来为退休做准备，然后随着收入的增加而增加扣除比例。例如，你可以每周自动存入50美元，但在每月第一周的理财时间里，存入上个月收入的10%。

　　对于收入不稳定的人来说，另一个策略是将全年的收入按照一定比例（比如25%）存入储蓄账户。这样一来，你就可以在年底将一部分钱存入退休金账户。或者，如果你开设的退休金账户类型允许，你可以在报税时顺便存钱，这意味着你将免受市场一年内涨跌变化的影响。这样做的好处是这一年里你随时都能取出现金以备不时之需，而坏处是你可能会将钱用来消费而不是投资。总而言之，请选择最适合你的策略。

　　我真的不在乎你使用什么策略，只要它有用，能帮助你实现目标就行。

练习

开始投资并继续投资

从哪里着手为退休投资？

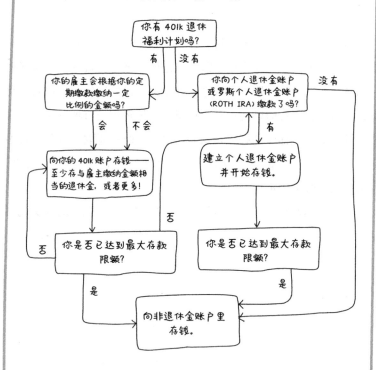

- 让我们来谈谈策略。你在未来12个月打算着手投资吗？打算投资什么？
- 你未来5年的投资计划是怎样的？
- 你未来10年的投资计划是怎样的？

你想聘请理财顾问吗

在我看来，问要不要购买专业金融服务就像问要不要吃水煮花椰菜一样。如果你在不同的时候提问，那么我的回答可能不同。有时，我可能会说一些无关紧要的话，比如"二者自有它们存在的道理，在这个世界上独具价值"。但有时，比如我饥寒交迫，我可能会气愤地说，我认为它们都毫无意义、无聊至极。如果你要问该不该聘请专业的理财顾问，那么我的看法很复杂。

一方面，大多数人确实不需要雇用他人来解决个人财务问题，他们不需要聘请理财规划师或投资顾问就可以搞清楚这一切。普通人几乎可以自学一切知识，各种书籍、博客、播客、视频和在线课程都可以提供丰富的知识，并且比过去方便多了。在某些情况下，那些靠工资生活、债务缠身或已经知道自己在做什么的人，不需要花钱向人请教关于自身财务计划和财务生活的问题来证实他们早已心里有数的事情。

但另一方面，我赞成找专业人士来帮助你规划下一个生活阶段。优秀的理财规划师不仅能够在投资领域为客户创造价值，还能够为客户的生活创造价值。没有人能预测市场变化，也鲜有理财顾问能够与市场抗衡或驾驭市场。所以一位优秀的理财顾问需要提供一些投资领域之外的价值。尤其是当你第一次和理财顾问讨论时，他们应该先花时间倾听，了解你的情况和目标，之后再教你如何达成财务目标。他们必须懂得取舍，明白什么该关注，什么该忽视。但有时他们也需要向你"泼冷水"，告诉你哪些目标的成功概率不大，而且你必须做好最坏的打算，为可能出现的不测做好准备。

在我所接触的传统财务规划领域，要想与理财顾问合作，你需要符合以下条件：在理财生涯中遇到困难，积累了一定财富并承诺签订为期一年的合同。但并非所有理财顾问都有这种要求，你也可以雇人帮你制订理财规划，检查你自己制订的规划，或者每隔一段时间去咨询。无论你是刚刚离婚、继承遗产、大幅加薪、即将退休，还是经历了其他重大财务事件，你都可以找一个人担任临时顾问，帮助你处理生活中的各种状况。

无论是聘请理财规划师、理财顾问，还是其他理财专业人士，你都应该阅读后文，并思考相应的问题，找到适合你的人。

先搞清楚理财规划师和理财顾问的区别

理财规划师和理财顾问一脉相承，这两个概念可以互换，但也可以说二者完全不同。理财规划师和理财顾问之间的区别类似于正方形和矩形，它们都属于平行四边形，但你仔细观察就会发现它们的形状不同。一般而言，理财规划师会帮你制订一个全面的计划并规划整个理财生涯，而理财顾问则可能更偏重提供投资建议。

理财规划师和理财顾问的区别

二者都会提供投资建议

帮助你实现长期理财目标

理财规划师

制订全面理财规划（从预算到财产规划）

持有特定类型的投资许可证

理财顾问

泛指管理存款账户、投资账户和其他账户的人

如果你想找一个人来帮助你全面剖析并解决生活中的财务问题，那么理财规划师是很好的选择——这就是为什么我更加青睐理财规划师而不是理财顾问。但对于在投资领域寻求具体帮助的人来说，理财顾问则更具优势。据我了解，理财顾问就像是销售人员，会推荐各种产品，因为他们通过出售金融产品来赚钱，其薪酬通常与业绩挂钩。所以在与理财顾问而非理财规划师打交道时，你最好保持谨慎。

我曾被骗去分别见了两个自称理财顾问的人，但实际上他们只是人寿保险的销售人员，他们都参与了同一个金字塔骗局。

之前，我在加利福尼亚州科斯塔梅萨郊区的一个公共办公区给一群人做了一场演讲，之后第一个自称理财顾问的人就来见我了。他说："我一直在寻找合适的合作伙伴，而你就是我一直在找的人。"他含糊其词，不断地恭维和称赞，极大地满足了我的虚荣

心，引起了我的兴趣。所以，我就像天真的傻瓜一样，同意交换名片，并约定以后在这方面多多交流。接下来几天，我们在附近找了家我最喜欢的咖啡店见面。

他告诉我，尽管之前他从事的是制造业等与金融毫不沾边甚至截然不同的行业，没有相关经验，但他却在"打造"金融咨询业务。我告诉他，自己离开传统金融服务行业有几个原因。首先，我意识到自己真的讨厌谈论投资。其次，我也不是生来就继承大笔遗产的百万富翁，所以相较于那个圈子里的人，我无法轻易地找到同样身价百万的客户。他同意我的观点，并表明他并不想联系富豪客户，而是想以量取胜，吸纳大量客户。那时我才意识到这个家伙在耍我。

任何懂行的人都知道，对独立的理财顾问而言，服务一大堆小客户会给自己的生活带来不必要的压力。如果没有恰当的支持和技术，大量的独立咨询业务会把你折磨得不成人样，你会变成一副没有灵魂的躯壳。因为无论是一天、一星期、一个月还是一年，你能服务的客户终究是有限的。

我告诉他这并非明智之举，因为在一年中，这上千名客户随时都有可能给他发短信。然后他解释说，他并不是想做投资管理，签约更多的客户，而是想通过不断发展下线来拓展业务。

那一刻我感觉自己蠢到家了，我明明也算是金融业的内行，却被一个搞传销的骗到这儿来。他说自己来自世界金融集团，听完之后我就告诉他这是个骗局。因为如果拉人入伙比提供服务更赚钱，这毫无疑问就是传销。他并没有听进去我的话，而是坚持说他没有受骗，并开始在餐巾纸上写写画画，想要证明他所言不假。不出所料，他画的东西基本上就是个金字塔尖，这是传销的老套路了。我不记得那天的会面是怎么结束的，不过可以想到，当面指出对方在骗人的场面并不会太好看。

第二次被骗是我在创意大会上认识的一个DJ（打碟工作者）通过社交媒体平台私信我，说他有一位朋友以前是DJ，现在在金融行业工作，想要介绍给我认识。我心里本该警铃大响，但当时我还不知道与人交往时如何划清边界，所以我答应与那位朋友共进午餐。那天阳光很好，我们在洛杉矶市中心一家精致的庭院餐厅里用餐，我逐渐意识到自己在重蹈覆辙。我居然又一次蠢到没有看透这点，为此我感到很羞愧。于是我同样告诉这个家伙他卷入了一个骗局，然后不得不又听了段换汤不换药的说辞。唯一庆幸的是这家店用的是餐巾布而不是餐巾纸，他不能在上面写东西。

我说这些并不是反对你雇用理财顾问，也不是说他们都是坏人，只是整个行业都鼓吹销量至上，所以哪怕别人并不需要这些产品，他们也要继续推销。优秀的理财规划师和理财顾问能提高你的生活质量，但打着理财规划师和理财顾问的旗号装腔作势的骗子更多，他们只想把废品卖给你。这种现象在金融行业屡见不鲜。为了防止你被骗去购买披着投资产品外衣的保险，本章将会介绍相关知识，让你在与任何人面谈时都能做好充足准备，并且成功避开这些骗子。

受雇人必须为独立受托人，且从不按投资者适当性原则推荐产品

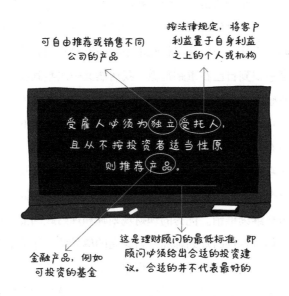

可自由推荐或销售不同公司的产品

按法律规定，将客户利益置于自身利益之上的个人或机构

受雇人必须为独立受托人，且从不按投资者适当性原则推荐产品。

金融产品，例如可投资的基金

这是理财顾问的最低标准，即顾问必须给出合适的投资建议。合适的并不代表最好的

我们先来了解四个主要概念。

- 受托人是指代表他人管理资产的个人或组织。受托人根据法律和道德要求，应将客户利益置于自身利益之上。但问题在于，并非所有理财顾问都是受托人，有些销售人员只需要遵守投资者适当性原则就够了。

- 投资者适当性原则规定经纪人在确定一种金融产品是否"适合"客户之前，必须尽"合理努力"获取客户的财务信息。[1] "适合"听起来是个周全的评判方式，但它的标准也可以很宽

泛。比如，你雇了一位营养师，如果他只遵循适当性原则，那么他可以以适合为由，建议你只吃富含维生素的加工馅饼。适合你的不一定是对你最好的，这就是在玩文字游戏。

- 独立的理财顾问可以自由推荐不同公司的金融产品。而一般的理财顾问，比如富国银行里的财富经理就只能销售富国银行的金融产品，这对你来说可能不是最佳选择，但却是他们唯一能提供的。
- 金融产品是指各类投资对象、证券和金融工具（比如年金保险和人寿保险）。

比如，杰克是一名理财顾问，他为客户简提供了两种投资产品。第一种对简来说是最好的选择，且比较便宜，但杰克只能从中获得3%的佣金。第二种不是最优选，价格更高，但是符合投资者适当性原则，且杰克可以拿到10%的佣金。由此可见，投资者适当性原则以及佣金制的问题在于，理财顾问和客户之间可能发生利益冲突。

你可能想问，为什么我要如此明确地指出"受雇人必须为独立受托人，且从不按投资者适当性原则推荐产品"？你可能觉得，如果理财顾问是受托人，那么他们怎么可能会按照适当性原则来推荐金融产品呢？事实是，即使是身为受托人的理财顾问也在想办法绕开他们的法律和道德义务，试图将自己的利益置于客户的最大利益之上。

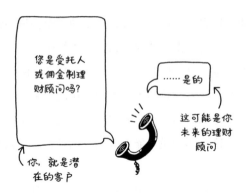

　　之所以会出现这种现象，原因就在于理财顾问所属的（或自己建立的）公司类型不同。所有金融咨询公司都需要注册成为证券经纪商、注册投资顾问或兼具这两种属性的混合型公司。

- 证券经纪商只需要遵循投资者适当性原则。
- 法律规定注册投资顾问须承担信托责任。
- 混合型公司既是注册投资顾问，又是证券经纪商。这意味着它在有些业务上需要履行信托义务，而在销售某些特定产品时又可以作为证券经纪商，只遵循投资者适当性原则。就像你站在两个州的边界上，两只脚各踩一边，你可以说自己同时在两个州。对理财顾问来说，这可谓两全其美。

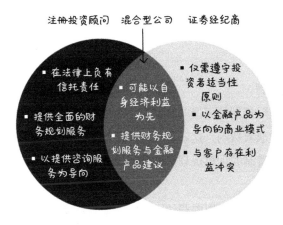

不同类型的金融咨询公司之间有什么区别？

注册投资顾问　混合型公司　证券经纪商

- 在法律上负有信托责任
- 提供全面的财务规划服务
- 以提供咨询服务为导向

- 可能以自身经济利益为先
- 提供财务规划服务与金融产品建议

- 仅需遵守投资者适当性原则
- 以金融产品为导向的商业模式
- 与客户存在利益冲突

　　总之，你要确保理财规划师或理财顾问对你负有信托责任，并且在推荐金融产品时不会仅遵守投资者适当性原则。他们可能会吹嘘混合型公司相较于注册投资顾问的优势，但你要清醒地认识到其中存在漏洞，他们可能从中获利，而你有可能会吃亏。我并不是说他们一定会钻空子，但你应该明白有这种可能。对你来说，最好的办法是直接聘请不可能这么做的人。

了解受雇者的收费模式——小心承诺背后的隐藏成本

　　一般来说，专业理财人士的收入有两大来源：直接向客户收取的服务费用和销售金融产品的佣金。直接向客户收费的模式有很多种，包括按资产管理规模收费、按小时收费、按季度收费、固定收费或收取聘用金等。

在雇用专业理财人士之前，你有必要了解他们的赚钱途径，因为这直接关系到你要花多少钱。付出劳动，获得报酬，这本身没有错，但并不代表我们不需要理性看待潜在的利益冲突，或者客观评估所获得的回报。

纯收费制

在与理财规划师面谈时，你要问一下他们的收入来源，如果他们说自己采取收费制，这就意味着他们的报酬直接来自客户。大多数实行纯收费制的理财规划师和理财顾问都是受托人，以客户最大利益为先。

由于这类理财规划师和理财顾问的报酬直接来自客户而非第三方（比如投资基金或保险公司），他们可以专注于客户的需求和最大利益。对于他们的理财产品建议，你大可放心，因为背后不存在获取佣金的顾虑，他们提供的往往是最佳选择。

收费的模式有很多，比如按年收取聘用金，按月收取服务订阅费，按小时或面谈次数收费，对每次制订的全面财务规划进行收费以及各种不同定价的服务套餐。业内比较流行按资产管理规模收费，但从长远来看，这种收费模式对客户而言并不划算。

按资产管理规模收费

按资产管理规模收费可以是纯收费制，但此时理财顾问依然能赚取第三方支付的佣金。这个问题比较复杂，这就是为什么我说在雇用专业理财人士时你要弄清楚这些问题。

在理财规划公司上班的第一个星期，我的上司就向我认真解释了行业的运作机制。他告诉我，公司的收费模式是按年收取财务规划费用，以及按1%的比例收取资产管理费用。也就是说，客户要将投资账户中1%的金额支付给我们。因此，一个将100万美元交给我们管理的客户每年要支付给我们1万美元；而一个投资了1 000万美元的客户每年要支付给我们10万美元。这乍一看似乎没什么问题，1%的比例听起来也不高，但累积起来的费用却十分高昂——可能相当于40年内投资回报的25%！ [2]

对某些人来说，支付高昂的资产管理费用是值得的，因为他们需要理财规划师帮忙分析投资机会和理财方案，比如在想要投资某个企业或者考虑出版、授权自己的作品时，理财规划师可以提供专业建议。但以大多数人的资产来说，支付这笔费用得不偿失，因为他们很难获得对等的服务。把投资指数基金和交易所交易基金所获得的大部分收益拱手让人是不值得的。

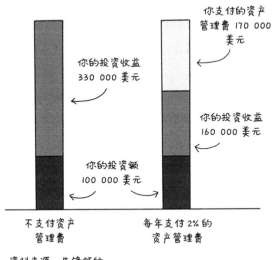

了解按资产管理规模收费的长期成本

你支付的资产管理费 170 000 美元

你的投资收益 330 000 美元

你的投资收益 160 000 美元

你的投资额 100 000 美元

不支付资产管理费

每年支付 2% 的资产管理费

资料来源：先锋领航。

第十六章　你想聘请理财顾问吗

产品佣金

假如在与理财顾问的面谈中，他们声称自己的报酬是"基于收费的"，那么这意味着他们在向客户直接收取费用的同时，也赚取销售金融产品的佣金。为什么要称之为"基于收费的"呢？这个说法听起来很像"纯收费制"，容易误导人。或许是为了迷惑你？答案我也不知道，但很有可能就是如此。

哪里能找到纯收费制的理财顾问和理财规划师

XY Planning Network 是一个庞大的纯收费制理财顾问数据库，[3]你可以根据你想要的条件从中搜索。比如，你如果想找一个专门从事社会责任投资、收取固定财务规划费用的本地理财顾问，就可以在该数据库中输入条件进行搜索，找到所有合适的人选。你也可以在注册理财规划师和全美个人理财顾问协会各自的官网上搜索受托人。[4]在搜索出符合条件的理财规划师或理财顾问后，你可以安排简单的面谈，之后确定最合适的人选。

练习

你准备好与金融专家合作了吗？

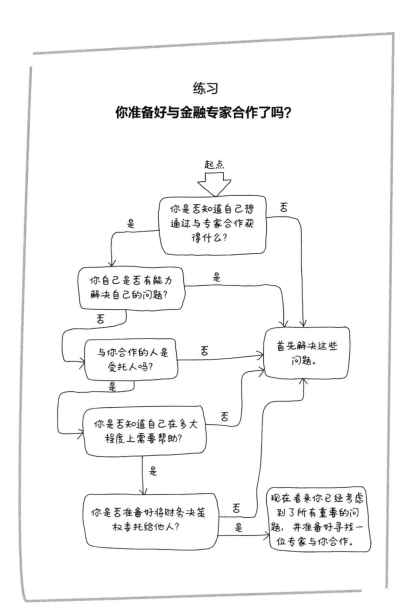

第十七章

如何积累财富：了解你的净资产

　　如今人们对于财富的追求可以追溯到一些不光彩甚至很糟糕的事件上。对财富的追求驱使欧洲国家对世界其他地区进行殖民统治。大西洋奴隶贸易和华尔街的建立是密不可分的。我们如今拥有的财富就是从这些种子中发芽的，也正因如此，一直以来富人的形象大多是不道德的、贪婪的。这是因为在我们的认知里，世界就是匮乏而非富足的，掠夺和压榨多于公平交换，殖民过程充斥着暴力，而且这样的情况还会继续下去。

　　了解人们对财富积累的看法，可以帮助我们更好地理解自身与财富的关系，甚至重塑这段关系。直面历史，我们才能选择更好的方式来积累财富。

　　财富是我们价值观、想法和声音的扩音器。拥有了财富，人们就能随心所欲地把自己想象中的世界变成现实，财富就是力量。任何迫切想要影响社会的人都会意识到，财富对于实现自己的目标必不可少。不过你不需要拥有用巨额财富来改变世界的雄心壮志。即使拥有的财富不算多，你也可以在投资人际关系的同时影响社会。索尼娅·勒尼·泰勒（Sonya Renee Taylor）是一名诗人、活动家和作家，她发起了一个名为"黑人债务回购"的地方项目，旨在推动建立跨越种族的精神联结和经济关系。在该项目中，5～10个人为一个小组，他们汇集经济资源，承诺向当地社区因债务问题而受到种族主义影响的黑人提供经济支持。他们的构想非常大胆，但也提供了一个非常真实的案例，向我们展现了财富是如何放大我们的价值观、想法和声音的。

到底什么是财富？它不全是鱼子酱和头等舱。事实上，当这些东西遥不可及时，人们才有动力去创造财富。财富并不是指你花了多少钱，财富是你可以拥有并存留下来的东西。

我还记得我第一次对财富的概念豁然开朗是什么情形。那时我坐在老板的办公室里，他教我怎样申请人寿保险。在申请保险时，你必须选择赔付金额，并给出理由，以说明这个金额是怎么计算得来的。弄清楚这个问题有点儿像做数学题，你可以用不同方法推导出同一条定理。

我会在下一章更深入地讲解人寿保险，这里不妨先简单将它理解为某人在保单有效期内死亡，按其收入金额理赔的保险。我的老板告诉我，每5万美元的收入需要相应投保保额为100万美元的定期寿险。我的老板在为所有客户申请人寿保险时都这么做。这么做的基本原理是，你如果在投保时能一次性拿出100万美元做投资，就可以合理地期望每年能获得5%的回报，这些回报能用来代替5万美元的收入。也就是说，你拿100万美元来投资，其产生的回报就会成为收入，可用于受益人的日常生活开支。这是我在那天学到的一个有用的经验。

让我大吃一惊的是这背后的假设：保单的受益人不会像大多数中彩票的人那样，直接得到100万美元，然后慢慢把这些钱花掉。他们会把这些钱拿来投资，依靠其收益生活，也就是说，这一大笔钱可能会以投资的形式保存下来。

当然，这并不是说人寿保险是创造财富的工具。上述想法只有理论上的可能性，我不是真的要你付诸实践。但我也意识到，我之前对收入、支出、投资和财富的思考都是错误的。那些拥有100万美元的人如果能依靠这100万美元产生的5万美元回报过日子，就可以把100万美元留下来，甚至把这些财富传给下一代。这个例子再次说明，财富不是你花了什么，而是你拥有什么。

对真正富有的人来说，财务安全并不完全取决于工资收入。这就是财务独立中"独立"一词的含义。你的财务安全是独立于工资收入的。如果你真正富起来了，那么赚钱便不再意味着工作。储蓄和投资的意义全在于此，当到达某个临界点后，你不再凭收入积累财富，而是靠财富带来收入。

我的家人从未教过我这些。我只是在不断接触金融业的内部运作机制后，才意识到并全然理解这些内容。许多人并不是生来就会以这种方式思考财富积累的，而是需要别人来传授、教导。如果你像我一样，那么你需要站在多种角度来理解这个概念，才能真正明白。

财富这一概念有时很难把握，因为人们常常把它与收入混为一谈。我选择攻读金融学位，因为我想学习如何在节俭生活的同时悄悄积累起财富，以及怎样在尽可能少工作的情况下赚到足够的钱。承认这一点有些难为情，但我私以为其他人想要获得金融学位无非也是为了这些。我认为将财富和收入混为一谈的不止我一个人。人们通常认为富有的原因是收入高。

手握百万合约的演员、运动员，以及拥有七位数收入的私人诊所的医生，因为收入水平较高，通常都被看作富人。收入和财富的确有关，但它们其实是两回事。收入是指你在一段时间内赚了多少钱，财富则代表你拥有的东西。如果你的收入很高，但你却被困在享乐跑步机上，把赚来的100万美元都花掉，你就永远不会成为真正意义上的富人，因为你还是得继续靠工作赚钱。

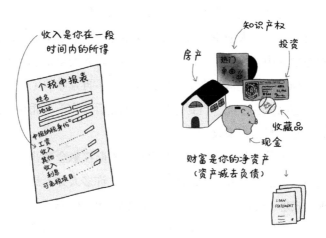

收入≠财富
但财富能带来收入

收入是你在一段
时间内的所得

个税申报表
姓名
地址
申报纳税身份
工资
收入
其他
收入
利息
可免税项目

知识产权
投资
房产
热门单曲
收藏品
现金
财富是你的净资产
（资产减去负债）
LOAN STATEMENT

　　不幸的是，高收入无法转化成财富的情况在职业运动员群体中并不罕见。《体育画报》（*Sports Illustrated*）在2009年刊载的一篇文章指出，美国职业篮球联赛（NBA）60%的退役球员在退役后不到五年便遭遇破产，而美国职业橄榄球大联盟（NFL）78%的退役球员在退役后两年内，要么破产，要么变得手头拮据。[1]这些运动员一年的收入令大多数人一辈子都望尘莫及，但他们却挥霍一空，没留下半分财富。我曾近距离观察过这种现象，但观察的对象不是

---

① 根据美国联邦所得税法，公民在申报个人所得税时需要根据个人的婚姻状况、家庭情况，选择申报纳税身份。申报纳税身份影响应纳税所得额的计算，不同身份享受的个税抵减不同。——译者注

挣钱不易，管好你的钱

运动员，而是洛杉矶的一些高收入人士。

我在做理财规划师的时候为某些夫妻提供过服务，他们年入近百万，但花得几乎一个子儿不剩。很快我便明白，高收入并非财富的保障。诚然，积累财富往往离不开赚取收入，但创造财富则需要转变观念。

人们常常理所当然地把创造财富当作财务目标，但与此相关的讨论却很少见。拥有财富不仅意味着自由、安全，还意味着提升你承受财务危机的能力。倘若缺乏这种能力，那么微小的经济波动也会对你造成冲击。请记住，经济危机、金融震荡是寻常事，就如同涨潮一样周期性地发生。拥有财富能让我们更从容地应对这种充满未知的局面，能带来更多选择，令我们内心踏实。

财富不仅对个人有益，还可以用来改变这个世界，造福社群。拥有了财富，你就可以投资自己所重视的人、组织和事业。

积累财富：如何迈出第一步

我们已经了解了积累财富的重要性，现在来看看怎样迈出积累财富的第一步吧！

市场投资

我在前面几章讨论过可以把资金投入股票市场。很多人都选择这种传统的、再简单不过的方式来积累财富。通常，人们会通过退休金计划或退休金账户来进行此类投资，但也可以选择证券账户。证券账户是指投资者可以进行投资交易的账户，交易对象可以是各种基金甚至个股。它的功能与退休金账户类似，但不同的是，在证券账户里你可以随时将投资的股票出售变现，不会因为在达到退休年龄前取出资金而遭受罚款。不过有得必有失，通过证券账户获得的各类收益不享受税收优惠。无论是利息、股息，还是你通过低买高卖获得的收益，都需要纳税。退休金账户的收益则无须纳税，因此它也被称作避税账户。政府试图通过提供税收优惠来鼓励大家为自己的退休生涯储蓄。

房产

购买投资性房产，比如能带来租金收入的房子，一直以来也很受青睐。但比起投资股票市场，这种方式需要付出更多精力、更多资金。你如果想用这种办法积累财富，就得学会把它当作一项事业用心经营，认真了解自己要投入的市场。同时你还要认识到，购房出租意味着你得做房东，这相当于给自己找了份工作，除非你把相关事务外包给管理公司。但说到底，你是房产的所有者，总得对自己的财产负责。除了投资性房产，也有一些人将自住房看作某种投资。

购买自住房有可能是一笔明智的投资，但平均而言，这种投资方式的预期回报率与投资股票差不多。[2]房屋投资回报率因城市而异，也因买卖房屋的时机而异。一直以来，人们不约而同地把购买住房当作积累财富的方式，无论社会经济地位、收入状况如何，都是如此。楼市数据可能让我们觉得押注在自住房上便能稳赚不赔，但我们也应当注意到，相比于整个人类轰轰烈烈的地球改造计划，楼市存在的时间称不上长久。想要赚钱，你可能还需要一些小技巧。

买房通常是一个人一生中最大的一笔投资，一般需要交一笔五位数到六位数的首付。因此，买房是不是真的适合你，只有你自己能想清楚。其实做各种财务决策都是如此。

《纽约时报》提供了一款出色的计算工具[3]，可以帮你判断仅从经济角度看，租房更好还是买房更好。但数字只能说明货币成本，而你要做的是进一步挖掘货币成本会怎样一环扣一环地影响生活的方方面面，这才是真正的难点。

创造并拥有值钱的东西

最富有的人拥有最值钱的东西。拥有资产向来是创造财富的关键，从古至今莫不如是。谁提出土地分配方案，谁就拥有创造财富的权力和手段。而如今，金融的力量几乎渗透到了每一个领域。无论这种情况是好是坏，它都意味着购买资产的渠道越来越多。知识产权是资产，能带来盈利的想法也是资产，各种类型的艺术品都可以是资产，哪怕是数字艺术品，只要跟非同质化代币（NFT）[①]挂钩，就是资产。运动鞋是资产，生产资料和企业当然也是资产。

资产可以是歌曲合集或电影剧本，也可以是用于升值或收租的闲置房产。如果你的公司支持员工持股，那么你的资产甚至可以是部分企业所有权。虽然所有权的获取有一定的门槛，但员工持股能有效减少员工与雇主之间的价值观差异，我在第五章提过这种差异。还有一些企业用优先认股权来补偿员工，这也是一种获得资产的方式，尽管不太常见。

所有权是积累财富的必要条件，除了促进个人进步，它在其他方面也很有意义。虽然积累财富不能解决我们在社会上遇到的所有问题，但对边缘群体来说，这样做一定会有所裨益。从个人层面看，你即使做的不是高薪工作，也能在中年时期甚至还没步入中

---

① 非同质化代币是存储在区块链上的数据单位，可以理解成一种无法复制的加密资产。因为它不具有可交换性，因此可以用来代表艺术品等独一无二的数字物品，常用于数字防伪。——译者注

年就积累到六位数的财富。这足以改变你的生活。虽然有了这些财富，你也无法提前退休，35岁就环游世界，但它足以让你感到安稳和富足。财富给予你选择的余地，减轻你的压力，让你不至于因为焦虑而陷入不停做出错误决策的恶性循环。

从更广泛的层面看，如果你想在资本主义体系之外构建权力，你就必须参与权力构建过程，并拥有一些有价值的东西。一旦生产资料由更多的人掌控，而非集中在少数人手里，我们就能拥有足以影响社区的权力和手段，比如创建、支持并选用在资本主义体系和本地社区中共存的商业模式。想象一下，如果你和几个朋友是高档社区的房东，你就有办法让那些被高房价拒之门外的人留下来。我们可以采取激进的举措来为新型社会组织方式铺路，我们可以创建不一样的权力结构，毕竟资产在我们的掌控之下。当积累了资产，你就能具体落实自己的想法，这就是权力的力量。

均衡理财

积累财富的方式因人而异。有些人会默默坚持储蓄和投资30～40年。有些人会创业或创造其他有价值的东西。有些人可能会选择购买房产。还有很多人会采取均衡理财的方式来投资和获取财富，比如在创业的同时进行市场投资，并购买房产。

均衡理财非常传统，但也非常实用，能够让你的资产配置多元化。和市场投资一样，资产配置多元化可以对冲风险，或者说管理风险。举个例子，如果你的大部分资产都集中在某国某县的几栋公寓楼上，那么这种缺乏多元化的投资意味着你将会面临自然灾害或某种区域性冲击带来的风险，你的大部分资产也可能会受到影响。将大部分财富投资于股票市场也是如此。当熊市不可避免地到来时，你的财富就会减少。这也是为什么在创造财富之前，你要优先存够应急存款。没有应急存款，一旦危机来临，你就不得不动用自己的资产，从而在积累财富的过程中不进反退。资产配置多元化，即不把鸡蛋放在一个篮子里，能确保你不会面临失去所有鸡蛋的风险。

无论选择何种资产组合，请记住，你有必要了解该投资的运作方式。也就是说，你如果想投资一家企业，就应该学习一些商业知识，至少阅读几本商业书。你如果想购买公寓，就应该对房地产市场研究一番，并了解做房东是怎样的体验。你如果想创造资产，就需要利用相关知识、经验、人脉和内部信息。

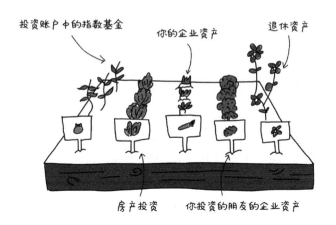

多元化的资产花园

用净资产衡量财富

净资产的计算非常简单，你只需要将所有现金和资产价值相加，然后减去所有尚未偿还的债务即可。

你的个人资产通常包含：

- 各种支票账户的总金额。
- 各种储蓄账户的总金额。
- 各项投资，包括401k退休福利计划和其他退休计划。
- 房产。
- 家具。
- 珠宝首饰。
- 艺术品。
- 其他有价值的东西，比如吉他、小提琴，或者出于好奇购买的一些比特币。
- 所投资企业的股份。

你不必详细了解自己的珠宝首饰、家具等物品价值几何，尤其是在它们不那么值钱的情况下。但如果你有传家宝或迈克尔·乔丹新秀球星卡这种很值钱的东西，那么你可能需要估量一下。

债务是你由于借款或其他因素所欠的钱。你的债务可能包含：

- 房屋抵押贷款或房屋净值贷款。
- 学生贷款。
- 信用卡欠款。
- 车贷。
- 个人贷款。
- 任何需要还月供的东西。

净资产可以帮助你衡量自己与理想的财务水平和生活状态还差多远。即使你现在的目标只是希望净资产为正，了解自己与目标之间的差距仍然很重要，因为这将影响你的理财策略和决策。净资产是一个数字，能指引你选择合适的行动方案。

你的净资产目标应该是多少

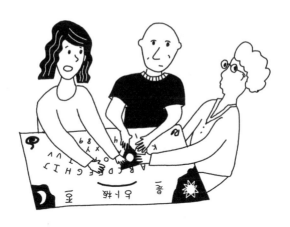

神灵啊，在我这个年纪，应该有多少净资产呢？

从短期来看，净资产很重要，因为它能让你了解自己的财务稳定性和抵御风险的能力。如果你的净资产为正，或者你手头有现金和投资，你就有喘息的空间，有选择的余地，甚至可以裸辞。

从长远来看，净资产是人们退休的底气。我在前一章讨论过传统的退休方式，你如果打算正常退休，那么可以通过一种简单粗暴且快速的方法来计算你的净资产目标。你可以根据你目前的年龄以及税前收入，计算出一个目标值。当然，要想确立净资产目标，还有更多、更复杂的计算方法。不过目前我就点到为止，毕竟以后有的是时间来研制一款退休计算器。

对于是否应把以下这张表纳入本书，我持保留态度，因为我知道在目标还遥不可及的时候，谈这些会让人心生恐惧。一方面，惊慌失措、紧张焦虑或感到落于人后都不是一个好的状态，它会让人失去冷静思考的能力。但另一方面，你如果很想知道要积累多少财富才能在不工作的情况下衣食无忧，就可以通过这张表来了解你应当做些什么，以及这是不是你真正想要的。

根据这张表得出净资产目标

年龄	尚可	不错	很好	非常好	🔥🔥🔥
22	0				0.1
25	0	0.1	0.25	0.4	0.5
28	0	0.25	0.4	0.5	1
30	0.5	0.75	1	1.5	2
35	1	2	3	4	5
40	2	4	6	8	10
45	3	6	8	10	13
50	4	7	9	12	15
55	5	8	11	14	17
60+	6	9	13	16	20

第一步：找到和你年龄最相近的一行
第二步：用税后年收入分别乘以该行的各个数字
第三步：把实际净资产与目标值（也就是上一步算出来的乘积）进行比较

挣钱不易，管好你的钱

年龄	尚可	不错	很好	非常好	🔥🔥🔥
22	∅				0.1
25	∅	0.1	0.25	0.4	0.5
28	∅	0.25	0.4	0.5	1
30	0.5	0.75	1	1.5	2
35	1	2	3	4	5
40	2	4	6	8	10
45	3	6	8	10	13
50	4	7	9	12	15
55	5	8	11	14	17
60+	6	9	13	16	20

例：杰斯目前 30 岁，税后年收入为 45 000 美元。
他的净资产目标值如下：

$45 000 × 0.5 = $22 500 ⟶ 尚可

$45 000 × 0.75 = $33 750 ⟶ 不错

$45 000 × 1 = $45 000 ⟶ 很好

$45 000 × 1.5 = $67 500 ⟶ 非常好

$45 000 × 2 = $90 000 ⟶ 🔥🔥🔥

杰斯目前的实际净资产为 38 950 美元，介于"不错"和
"很好"之间

这张表是有范围的，因为有些人只是想知道他们要存多少钱，才能在工作四五十年后过上传统意义上衣食无忧的退休生活；而有些人则想知道，他们能否积攒大笔财富，从而提早摆脱对工资的依赖。后者会想办法攒"傍身钱"。

傍身钱，顾名思义，是能让你不假思索、大摇大摆、趾高气扬地辞职走人的一大笔钱（现金或者资产）。当然你也可以选择优雅地走人，事实上你想怎么走都行。这张表只是给了你一个范围，让你了解如果想要提前退休，那么你还需要存多少钱。它只是一个选择项，也可以说是一个机会，让你把目光投向原来没有考虑过的生活。

第十七章 如何积累财富：了解你的净资产

确立并分解目标，形成习惯

有些人没有得到过父母的经济支持，所以他们在成为父母的时候就想为孩子存些钱。也有不少人对财富传承没什么兴趣，只想享受花钱的快乐，然后把财产捐给自己想要支持的组织。

你并不一定要设立多么宏大的攒钱目标，想着日后把财产传给孩子。很多富人公开承诺，会把大部分财产捐给慈善机构。在我撰写本书之时，一些鼓励人们为他人或者社区投资的组织正在蓬勃发展。我很期待看到更多为了他人福祉而设立的平台，也希望这些平台能做大做强。不过这种想法其实早就存在了。本杰明·富兰克林曾分别遗赠2 000美元给波士顿和费城，不过在100年内，这笔钱都无法取出，而且大部分钱在200年内都不会落到任何人手里。到了1990年，这些钱已经升值到650万美元。[4]这既是展现复利的神奇力量的绝佳案例，也是管理财产的一种特殊方法。不管如何选择，我都希望你能在设立净资产目标的时候，考虑自己的真实想法和看重的东西。

在设立了净资产目标后，你就有了一个需要为之努力的理财新目标。为了达成目标，你需要制订常规理财计划，这种计划因人而异。

如果你是一个创业者，想要拥有300万美元的净资产，你就需要仔细研究各种思路，从而让这个目标具有可执行性。有一种方法是在五年或十年内建立一家价值300万美元的企业，然后把它卖掉。还有一种方法是创建一家高盈利的公司，盈利高到足以赚到企业主所需的薪酬和利润，这样在未来十年内，你就可以在把钱存入退休金账户的同时，用余钱来投资房产。

情况不同，目标不同，实现目标的途径也不同。一个年轻的打

268

工人若是想在40岁之前攒下百万美元，有许多方法。他可以找一份高薪工作，和人合租，或者和家人一起住，甚至可以住在面包车里。他还可以选择通过打零工来赚一些外快，在生活中处处节俭。一旦定下目标，你就会发现，条条大路通罗马。

清晰的目标和策略对于净资产增长非常重要。你要记住我在第四章提过的概念。目标能为你指明方向，让你行动起来，给你一个参考标准，让你了解要想达到目标，还有多远的距离。

在达成目标的路上，总有些力所不能及的事情。我们能做到的、在控制圈内的事情，就是培养有助于实现目标的习惯，比如把收入、奖金、礼品或意外之财的30%拿去投资。哪些行为和习惯能够助力你实现目标呢？你能坚持这些习惯吗？

不要低估自己的能力，我是认真的。这话听起来可能有些敷衍了事，还有些不切实际，毕竟很多事情都不在我们的掌控范围内。但你如果能把注意力集中在控制圈内的事情上，就会发现自己能够逐渐掌握控制权，最终滴水穿石。这是一场持久战。

积累财富是场持久战

积累财富需要日复一日的坚持，就像悬崖若要成为美丽的海蚀岸，就需要海浪日复一日的冲击，不一定很猛烈，却一定很持久。积累财富也是如此，你需要持续地储蓄、投资，利用你手头的东西创造新的价值。积累财富的漫漫长路不会充满鲜花，事实上还挺枯燥无聊的。不过要想取得成就或达成目标，这是必经之路。道路的尽头闪闪发光，但路上却充满荆棘。有时最大的拦路虎就是无法把精力投入单调枯燥的任务。

能够来到无敌理财金字塔积累财富这一层级，就意味着你已经跨过了许多枯燥乏味的难关，见证了自己的能力。你花时间培养了自己的消费和储蓄习惯，并存了一些应急存款。又或许你多年来按时偿还信用卡债务，财务状况保持平稳。而如今站在金字塔的高处，你会恍然大悟，只要按照步骤打好基础，财富的积累便能水到渠成。

不妨一试：退休规划器

随着净资产的增长，你可能想要通过制订退休计划或使用退休规划器来为退休做更细致的打算。退休规划器是一个在线工具，可以记录净资产变化趋势并对未来的净资产做规划。有一个工具我自己在用，大家也经常推荐，它就是个人资本软件Personal Capital。[5]你可以在网页上使用这个软件，也可以在手机上下载相应的应用程序。它可以汇总来自不同金融机构的数据，计算你的资产账户和债务账户余额，让你的资产净值一目了然。只要在网页上的规划板块输入自己当前的收入、储蓄、投资和预计退休日期等相关信息，它就会根据这些信息来预估投资回报。你可以根据这个估算结果来大致判断自己是否能够实现退休目标。

Smart Asset也是一款免费的退休规划器，你可以用它来制订退休计划。[6]它会让你回答一系列关于收入、储蓄、投资、支出以及预计退休日期方面的问题。虽然这些计划和规划器并不总是百分百准确，但它们能让你看到自己的投资增长潜力。

不妨一试：欲望逆转

在积累财富之初，你不可避免地要开始学习新事物，并做出一定的改变以达成财务目标。在这个过程中，感到恐惧和抗拒是正常的。每个人都会有这种恐惧。不管是功成名就者还是普通人，都必须克服恐惧。而要想克服恐惧，你就不能逃避，而要正视它、直面它、战胜它。

战胜恐惧的方法有很多，感受恐惧就是其中之一。当突然有了恐惧感，你可以直接暂停手头的工作，仔细体会此刻身体的感受，然后做几次深呼吸。

带我训练感恩心流的教练还教我做了另一个练习，也就是由医学博士菲尔·施图茨和法学博士、执业临床社会工作者巴里·米歇尔斯提出的欲望逆转。[7]

欲望逆转可以直观地帮你克服恐惧或让你直面自己正在逃避的痛苦。这个方法适用于两种情况：一是你注意到自己因为抗拒或恐惧而感到不舒服；二是你认为做某些事情很困难、充满挑战或对此产生恐惧，比如谈判薪资、开展一个困难的项目或一场艰难的谈话。这个练习能帮助你面对痛苦和恐惧，让你勇往直前。需要注意的是，尽管它有助于战胜恐惧，但我们在描述时也会用到痛苦这个词，因为我们要逃避的事情往往是痛苦的、不舒服的，或者会引起害怕和恐惧。痛苦和恐惧在这里是同义词。

- 闭上眼睛，把注意力集中在你正在逃避的痛苦上。把痛苦想象成眼前的一朵浮云，在心里默念："让痛苦到来吧。"这是因为痛苦对你很有价值，你想经历痛苦。
- 接下来，想象自己向前迈进，步入痛苦和恐惧的云端。当你继续在云中向前迈进时，对自己说："我喜欢痛苦！"在做这一步时，让自己接受恐惧和痛苦，不要与之对抗。
- 当你走出云团时，对自己说："痛苦给予我自由！"

请听我说，我知道这个方法看上去有点儿疯狂，但如果认真地试一下，你可能会大受裨益。如果它有用，就意味着你找到了一条捷径来克服现实生活中的恐惧和痛苦，你的生活也会不知不觉地变得更好。我始终坚持用这个方法，特别是在我进行创作但又不得不与那些触及我痛处的人相处或者争论的时候。它能让我放松下来，克服恐惧，行动起来，而非被恐惧支配，干出蠢事。

挣钱不易，管好你的钱

练习

算一算你的净资产

利用下表，计算手头的净资产。

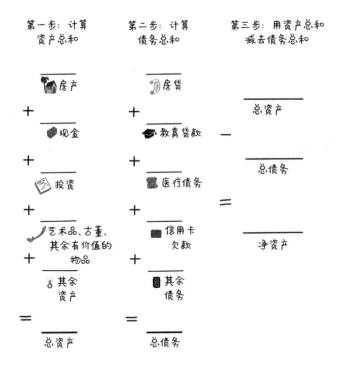

第一步：计算资产总和

+ 🌴🏠 房产
+ 📦 现金
+ 📓 投资
+ ✒️ 艺术品、古董、其余有价值的物品
+ 👜 其余资产
= 总资产

第二步：计算债务总和

+ 📜 房贷
+ 🎓 教育贷款
+ 🧳 医疗债务
+ 💳 信用卡欠款
+ 🔋 其余债务
= 总债务

第三步：用资产总和减去债务总和

———— 总资产

— ———— 总债务

= ———— 净资产

■ 你的净资产目标是多少？你打算在何时达到这个目标？

- 如何将目标细化？如何拉近与目标的距离？举个例子：你如果要在30年内积攒下300万美元的净资产，那么首先可以以150万美元的价格售出自己的企业，并坚持每年投资11 000美元，期望最终收益能达到60万美元，之后再拥有90万美元的房产即可达到目标。你可以利用退休计算器或规划器来了解你目前的投资将如何随着时间的推移而增长。
- 在达到目标之前需要做些什么？
- 实现目标有什么意义？
- 那些已经达到净资产目标的人，他们会拥有并且表现出怎样的态度和信念？
- 在过去的一年中，你做了哪些有助于实现目标的决定？
- 在过去的一年中，你做了哪些不利于实现目标的决定？
- 在接下来的一年中，你将做出哪些有助于实现目标的决定？

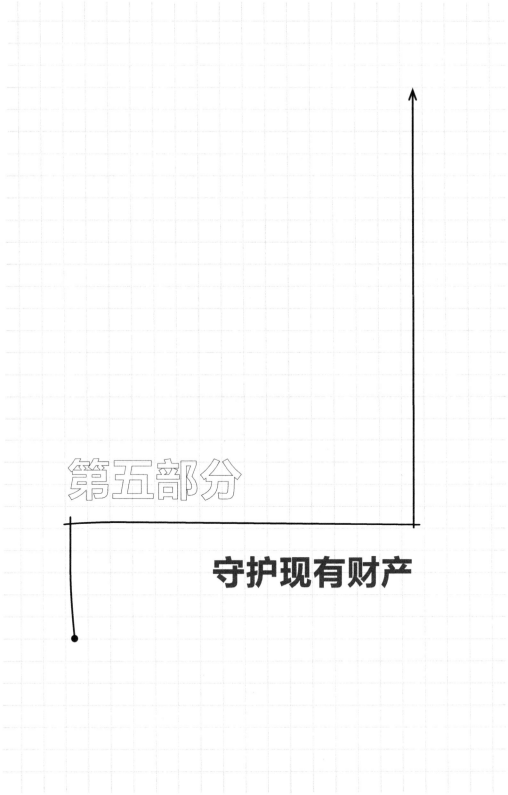

第五部分

守护现有财产

你在无敌理财金字塔上爬得越高，摔得可能越惨。

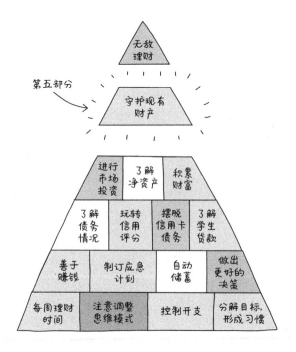

既然无法完全规避风险，那么我们就来讲讲保险如何有助于守护现有财产。

守护现有财产

当心，护好你的脖子！

——武当派（美国知名嘻哈音乐组合）

当你在理财道路上越走越远，凭借努力在无敌理财金字塔上越爬越高时，你可能会产生一些之前从未有过的担忧。这有点儿像上了年纪之后，你会开始担心一些年轻时不曾担心过的事。在年轻的时候，你大可以辞去让你糟心的兼职工作，因为那时的你没有什么顾虑，再找一份糟心的兼职工作也不是什么难事。你也可以从6米高的悬崖跳入冰冷的湖中，毕竟那时的你不会害怕生病或受伤，甚至完全不会考虑到受伤的可能。但随着年龄的增长，这些未曾有过的担忧突然拖住了你前进的脚步。12岁的时候，我觉得玩滑板是件无比炫酷的事情。而到了35岁，一想到玩滑板可能会让我摔断一两根骨头，我就会像被泼了盆冷水般冷静下来。

在攀登无敌理财金字塔的过程中，你可能会敏锐地意识到，爬得越高，摔得越惨。只要还在前进，你就会不自觉地产生对倒退的恐惧。随着资产和财富的增长，债务负担减轻，你开始意识到你已经拥有了一定数量的财富，失去这些财富会令你感到痛苦。即使我们活得万分谨慎，生活中也暗藏各种风险，财务风险仅仅是其中之一。这一章讲的是如何利用保险来尽量减少损失。

保险是个不同寻常的东西，也可能是最容易被误解的商品之一。它不像大多数产品或者服务，让你在购买的时候就有一个合理的预期，知道自己或者亲朋好友可能会用到它。如果你购买了一份金枪鱼三明治，你自然会期望它不久之后出现在你面前。如果你雇了一个水管工，你也会自然而然地认为他将为你提供水管维修之类的服务。你在购买大多数商品的时候，都会产生一种获得感，而购买保险却并非如此。人们没有真正认识到，保险是一种避免损失的手段，而非获利手段。购买保险本质上不是为了获利，而是为将来的损失提前买单，这样即使以后发生意外，你也不会有太大的损失。人类居然会发明出这种工具，既令人惊讶又有些滑稽，因为这实在有点儿抽象。

关于保险，还有一点非常微妙。许多人买保险时都希望自己永远不会用到它，毕竟真用上就代表发生了意外。买了某种东西，却暗自希望它永远不会有物尽其用的一天，不是很奇怪吗？这或许揭示了我们不太乐意承认坏事可能发生在自己身上。

可能正是因为这一点儿抗拒，有些人从一开始就不会购买保险。因为认真地对待保险，特别是人寿保险和伤残保险，在某种程度上意味着我们不得不直面生活的真相，承认我们会遭受损失，承认我们并不总是能预测到某些风险引发的后果，承认我们是脆弱的，命运不全由我们主宰，最坏的情况可能发生在我们身上。说这样的真相会令人不适恐怕都有点儿轻描淡写了；对有些人来说，这些事情简直让他们心惊胆战。要买保险，就必须理性应对想象中的情绪崩溃。这实属不易，所以我不会去苛责那些逃避购买保险、不愿思考未来风险的人。

但不买保险不仅仅是选择对风险视而不见，还会令恐惧对你产生不应有的影响，让你逃避自己应负的责任。如果你在阅读本章时感到抗拒和恐惧，请使用上一章的欲望逆转工具来帮助自己渡过难关。这个练习只需一分钟，所以你除了这一分钟，什么都不会失去，还能获得保险带来的保障。

我们不愿购买保险，并非只是出于恐惧。人类的大脑就是不擅长理解风险的发生概率和严重程度。买保险是赌，不买某些种类的保险也是赌，困难在于你要了解哪个赔率更高。为了更好地决定买不买保险、选择什么保险，我们不妨先了解生活中各种风险的管理方法。

保险是一种风险管理方法

生活中的风险有四种管理方法。其中一种是不参与任何可能造成损失的活动，从而彻底规避风险。你如果想做鳄鱼摔跤手，就要面对遭受各种灾难性损失的可能性。想要保全自己的手指、四肢乃至性命，就不要去跟鳄鱼摔跤。

承担风险是应对风险的另一种方法。我们通常愿意承担那些发生概率较低、损失最小的风险。例如，我们都知道在家不穿鞋，脚趾有磕到家具的风险，但我们觉得这是可接受的，不会因此牺牲在家里的舒适感。磕到脚趾这种事通常不会发生，即便发生了，我们也无非就是骂自己几句蠢，一般不会有更严重的后果。

第三种方法是降低风险。例如，给宠物狗植入芯片能够降低其走失带来的损失，如果小狗跑掉了、迷路了，芯片能增加找回它的可能性。

最后一种方法是转移风险。购买保险实际上就是转移风险。如果某种风险可能会给你带来毁灭性的严重损失，但发生概率很低，转移风险就很有效果。租房保险就是很好的例子。你租住的房子里所有物品全部被盗或完全损毁的情况不太可能发生，但如果发生了，就可能造成巨额经济损失，因为你得把房子里所有东西都更换一遍。购买租房保险可以转移经济损失风险。出现这种损失的概率很小，但一旦出现，后果就很严重。

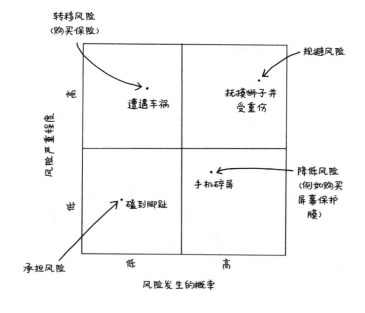

应对风险的四种方式
（转移风险，规避风险，承担风险，降低风险）

挣钱不易，管好你的钱

如何看待保险

如果你从来没有用到保险的机会，你就可能会因为付的保险费一直收不回来而觉得自己上了当。但人们购买保险，实际上是把各自的资金集中在一起，某个人如果有不时之需，就可以从中取用。

你还可以把保险理解为花现在的钱，减少未来可能发生的损失。值得你买保险来转移的风险，其实都是足以给生活造成巨大损失的风险。

理论上，医疗保险能减少你每年花在健康服务上的钱，长期伤残保险能减少你因病因伤而无法工作时损失的收入，人寿保险能减少你的家人损失的收入，房屋保险能减少维修、更换房内物品带来的损失，租房保险能减少更换房内物品造成的损失，机动车保险则可以减少车祸导致的损失。如果发生了上述风险事件，其带来的损失要远远大于不交保险费这点儿好处。

在这一章，我会简单介绍上段提到的各类保险。这些保险都是最为常见的类型，许多人都利用它们来转移风险、减少损失、保护自身财产。

医疗保险

美国现代医疗保健系统的诞生极具历史偶然性。在过去很长一段时间内，美国的医疗保健系统一直停留在中世纪水平，费用并不高，因为服务质量颇为差劲。谈及医院，大多数人首先想到的不是医疗保健，而是死亡。直到1909年能治愈梅毒的药物首次问世，才为现代医疗的发展奠定了基础。20世纪初，民众对医疗保健系统的期待有所提高，他们开始相信医生能够治好自己。

去医院不再意味着送死，而是得到救治，越来越多人开始寻求医疗保健服务。随着医疗需求的增加，医疗费用也水涨船高。正因如此，到了20世纪30年代的经济大萧条时期，很多人不到万不得已都不会去医院。

美国得克萨斯州贝勒大学医院的一名管理人员注意到就医人数减少后，就一拍脑袋想了个糟糕的方案——给医疗保险定价并将其市场化，这样就可以像订阅服务一样，通过每月付款的方式长期收费。正是这个想法深刻影响了美国现代医疗保健系统的运作方式。贝勒大学医院通过与一批公立学校教师签约来试行该计划。随着经济大萧条的影响蔓延全国，其他医院也注意到了就医人数骤减的情况。此时，贝勒大学医院提出的付费计划就显得极具创新性和吸引力，引起了一大批医院的效仿，于是这类计划成了后来的"蓝十字"（Blue Cross）计划。"蓝十字"计划很快开始向工人提供医疗保险，这也是后来医疗保健与工作挂钩的首要原因。随后，第二次世界大战的爆发和美国国税局推出的政策进一步加强了这种挂钩关系。

二战期间，军备生产需求暴增，这意味着对工人的需求大幅上涨。各个公司都陷入了工人短缺的困境，并开始想方设法地吸引工人。其中一种方法就是为工人提供额外福利，比如医疗保险。就像期待梅毒得到治愈一样，员工也开始期待雇主提供健康福利。

但最终使得医疗保健与工作形成铁打关系的事件却与就业无关，而是美国国税局的一项例行裁定：某些情况下，雇主报税时可以扣除他们为员工支付的医疗保险费。这项裁定一出便引起了企业主和会计的注意，会计在提交企业纳税申报单时开始将这项裁定纳入考虑范畴，雇主和企业主也纷纷要求将这一规定立法。1954年他们就如愿以偿了。瞧，这最后就成了我们现在所说的一团糟的美国医疗保健系统。

　　未经深思熟虑制定出来的医疗保健系统肯定存在很多疏漏。我诚恳地希望各位经济学家能与政策制定者共同努力，以期改善目前这个粗糙拼凑的制度。但在那之前，我们必须面对现实。

　　美国医疗保健系统的乱象在很大程度上源自不健全的医疗保险制度，但是我们又需要医疗保险来减少医疗体系带来的风险。医疗保险可以减少意外的高额医疗服务费用和常规的预防保健费用。预防保健可以被看作一种经济保护，因为它能使你保持健康，并筛查潜在的健康问题或日后可能造成健康问题的隐患。从长期来看，预防保健能够为你省钱，但如果没有医疗保险，预防保健只会在短期内带来大额支出。购买医疗保险通常能让你免于为急救服务、处方药和产妇护理等高成本的必需服务支付更多费用。只要你支出的医疗费用在保险供应商的赔付范围内，且就医的医生或医疗机构属于保险覆盖的医生网络，保险供应商就会承担部分或全部费用。

　　即便你最终选择购买了一份免赔额高和月保费低的保单，只要你的医疗费用全部产生于保险覆盖的医生网络内，你就仍然可以减少某一年在医疗保险上的支出。

　　美国一项针对破产申请的调查表明，有66.5%的申请人的破产原因多多少少与无法负担巨额医疗费用有关。[1]这正是市场导向型医疗保健系统的悲哀。更让人痛心的是，这些破产申请人中购买了医疗保险的也大有人在，可他们仍然无法负担医疗费用。听起来就像做了是错，不做也是错。我们唯一能做的就是专注于控制圈内的事情。想在一个像美国医疗保健系统一样不完善的系统中生存，就意味着要对自己负责，因为政府并没有能力帮助我们。

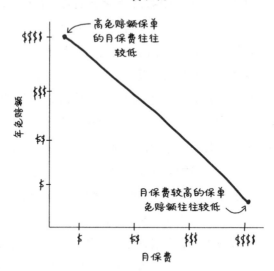

医疗保险的月保费往往与年免赔额呈
负相关

高免赔额保单
的月保费往往
较低

月保费较高的保单
免赔额往往较低

年免赔额

月保费

除了寄望于好运，也有其他方法可以助你避免医疗债务：

- 打电话给保险公司，确认就医的医生或医疗机构是否属于保险覆盖的医生网络。一些保险公司会为其网络中的医疗保健供应商支付70%～80%的费用，这可是很大的优惠力度。
- 在网上查询各种医疗服务，以便提前了解其费用，早做计划。
- 你也可以在医生安排手术前询问大概的手术费用。
- 向医生了解有没有通用的替代药物。
- 有的医生还会为现金支付提供折扣。你如果要使用现金支付，可以询问一下是否有这样的优惠。
- 仔细检查医疗账单，确保其中没有任何错误，并与你的保险单互相对照。

- 如果需要调整医疗支出，你随时可以跟医生协商，制订新的支付计划。

如何选择医疗保险

在美国，有的雇主会为员工提供医疗保险福利，有的雇主每月还会提供医疗保健津贴。如果你需要购买一份独立的保险，请到医保网站www.healthcare.gov查看有哪些保险可供你选择，并了解投保的方式和各种保单明细。在决定与保险公司签订合同之前，你需要搞清楚免赔额、保费、共付额和共同保险比率的各种组合情况。

- 月保费是你每月向保险供应商支付的费用。这将用于支付你和你的其他被保险人在获得保险覆盖的医疗服务时所产生的费用。
- 免赔额是指在保险公司为你的医疗服务理赔之前你要自己支付的费用。如果你的免赔额是1 000美元，就意味着你要自己支付前1 000美元的医疗服务费用。在你达到这一年的免赔额后，保险公司将开始赔付部分医疗服务费用。
- 共付额是你问诊、住院和开处方药的费用。在达到免赔额之前，你需要自己支付全部费用。
- 共同保险比率是你自己支付手术和住院费用的百分比。如果你的医疗保险允许的门诊金额是100美元，共同保险比率为10%，那么：

    ——如果你已经达到了免赔额，只需要支付100美元的10%，即10美元，其余的由保险公司支付。

    ——如果你没有达到免赔额，则需要自己支付100美元。

长期伤残保险

　　本书不会讨论短期伤残保险，因为一般来说，应急存款可以起到短期伤残保险的作用。长期伤残保险是一种单独保险，如果你因为生病或受伤在很长一段时间内都无法工作，它将支付你的部分或全部收入。你的雇主可能会提供伤残保险，或者你可以直接向保险公司购买。

　　有一些事情，你可能并不想听，但出于朋友的关心，我还是需要提醒你，你最大的资产是赚取收入的能力。如果因为受伤或生病丧失了赚钱谋生的能力，而你又没有充足的现金来缓冲这一打击，那么你在经济上将会度过一段艰难的时期。我知道你在想什么："哎呀，帕可，这永远不会发生在我这样的人身上。"好吧，我需要引用伤残统计数据来说明问题，虽然我可能会因为披露这些信息而失去一些受邀参加聚会的机会。重申一下，我是出于关心才这样做的。

你的伤残
保险

挣钱不易，管好你的钱

- 在如今美国所有20多岁的人中，有超过1/4的人可能会在达到正常退休年龄[2]之前，因为伤残至少一年无法工作。
- 虽然伤残人员可以申请由联邦保险计划提供的社会保障残疾保险（SSDI），但从申请开始，一般需要3～5个月才会有初步结果。[3]如果你需要对申请结果进行上诉，最好先看看下列数据：2017年积压的上诉案件超过100万件，而相关的处理时间平均超过18个月！[4]
- 截至2021年2月，社会保障残疾保险的平均福利为每月1 279美元，或每年15 348美元。[5]这并不是说你要向贫困线看齐，但可以参考一下：2021年，一口之家的贫困年收入标准是12 880美元，两口之家是17 420美元。[6]

长期伤残保险是如何运作的

- 首先，你需要加入一个伤残保险方案。该方案的具体内容取决于你的收入，以及如果长期不能工作，你想每月收到多少钱。你支付的保费会被折算进之后每月发放的保险金，所以保费越高，你每月收到的保险金就越高。
- 希望你永远幸福生活，不会受到致命打击。但是，为了举例说明，你需要先假设一下你患了严重的疾病或发生了意外而无法工作。下一步是申请理赔。
- 度过等待期（一般为30～90天）之后，你每两周或每月会收到支票，即收入的50%～80%（这取决于你的收入和保费）。
- 根据你投保的计划，支票发放会持续数月至数年，直到你重返工作岗位或达到退休年龄，尽管有些团体保单在65岁时就会停止发放。

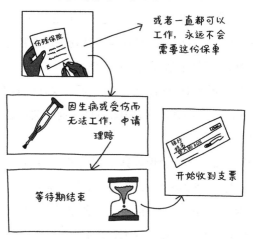

长期伤残保险是如何运作的

或者一直都可以工作，永远不会需要这份保单

因生病或受伤而无法工作，申请理赔

开始收到支票

等待期结束

如何获得长期伤残保险

选择1：报名参加由雇主购买保险的计划。有些雇主会支付保费，如果他们不支付，你应该可以以雇主的团体优惠费率购买保险。

选择2：通过商会组织或行业协会购买保险。例如，自由职业者联盟为自由职业者提供具有团体优惠费率的伤残保险。团体优惠费率很好，因为它对所有职业或性别一视同仁。即使你有较高的长期伤残风险，你也能得到与其他人相同的费率。

选择3：通过保险经纪人或保险公司获得一份个人保单。Guardian、MassMutual、Northwestern Mutual和Principal都是大型的保险公司。

你应该确保你投保的伤残保险有以下三个重要的特点：

- 该保险是不得解除的。
- 该保险是保证续保的。

- 该保险是针对你的职业（而不是其他职业）设计的。

让我们来明确一些术语的定义。

不得解除。伤残保险属于不得解除的保险之一，只要投保人支付保费，保险公司就不能擅自取消保单、提高保费，或降低保险金。

保证续保。一旦保险人签署保证续保的保单，只要能正常收取保费，保险公司就必须继续承保。这样可以确保保单持续有效，但如果涉及的投保人不止一位，保费可能会增加。

针对你的职业。职业伤害保险的保障对象是因故导致伤残且无法继续履行其职业大部分职责的被保险人。例如，如果一名艺术家因为手受伤而不能再画画或制陶，即使能够找到一份自由撰稿人的工作，他也能通过这份保险来获取保险金补偿。只要无法继续从事以前的职业，被保险人就有资格领取伤残保险金。此类保险的具体条件依据被保险人发生伤残时的受雇情况而定。

房屋保险与租房保险

要想贷款买房就必须购买房屋保险，否则你将无法获得贷款。在房屋损坏需要修理，或财产被盗、遗失需要更换时，业主可以通过理赔得到补偿，以减小相关财产损失。同时，该保险也能分担业主在对他人造成伤害时所需承担的责任。

房屋保险主要有三种理赔方式：按实际现金价值理赔、按重置成本价值理赔和按保值重置成本（也称扩展重置成本）理赔。若按实际现金价值理赔，赔付金额为受损房屋和财产的当前价值，也就是财产原价值减去折旧价值后的金额，而非最初的购买价格。重置成本价值的赔付金额为房屋和财产的原始购买价格，但须保证房屋在修复或重建后可以恢复到原始状态。保值重置成本的赔付金额为当下修复或重建房屋所需的费用，可能会因通货膨胀而大于保单限额。

三年前，你花 1 000 美元买了这台
电视，如今它值 500 美元

你在申请房屋保险理赔，这台电视
就是你理赔的物品之一

以下是不同房屋保险理赔等级的赔付金额

理赔范围	赔付金额	依据
实际现金价值	500 美元	这是该电视的当前价值
重置成本价值	1 000 美元	这是该电视的原始购买价格
保值重置成本	1 300 美元	这是今天换一台一模一样的电视机的价格

如何购买房屋保险

如果你需要购买房屋保险，最好事先调查，货比三家。

如果你已经买了其他保险，你就可以询问该保险公司是否也提供房屋保险。在同一家保险公司购买多份保险，通常会有优惠。

或许你也需要在网上做一些调查，了解保险公司在理赔方面的声誉。万一你真的遭遇不幸，不得不申请房屋保险理赔，最麻烦的就是保险公司低报房屋维修的赔付费用。

在购买保险的时候，你可以找一位独立保险代理人或经纪人，这会给你带来不小的帮助。"独立"意味着他们不会为某一家保险公司卖力，从而可以为你提供不同公司的报价，并指导你选择最合适的保险公司和保险。与独立保险代理人或经纪人合作的好处是，他们是保险领域的专家，每天都在帮助人们购买保险，所以很清楚在房屋保险中应该注意什么、规避什么。

你应该买多少保额的租房保险

你购买的租房保险保额应与你所拥有的物品价值相等。与选择房屋保险一样，你可以在实际现金价值和重置成本价值之间进行选择，每月的保费在5美元到25美元之间。如果你有非常有价值的东西想要投保，比如毕加索的作品或万智牌①特殊系列，你就需要在保单上将这些东西单独列出，或者为这些不同寻常的东西另外购买一份保险。

如果你将所有的东西堆在一起，那么这堆东西的
价值就相当于租房保险最终的保险金

---

① 万智牌是全球热门的集换式卡牌游戏，其中很多万智牌数量稀少、价格高昂。——译者注

机动车保险

驾驶机动车这种重达两吨的杀人机器是一件风险很高的事，而了不起的是人们居然绞尽脑汁地将这些风险分门别类。开车风险如此之高，如果没有购买合适的保险，一旦发生事故就可能赔得倾家荡产。所以了解保险的类型很重要。

- 第三者责任险，即对事故造成的人身伤亡或财产损失负赔偿责任，但不包含你本人的医疗费用或财产损失。
- 碰撞险。
- 综合意外险。
- 无保险或保险不足驾驶人险。

第三者责任险

机动车辆第三者责任险是指，如果在驾驶车辆途中造成第三者人身伤亡或财产损失，该保险将承担赔付责任，以保护车主的资产。人身伤亡及财产损失责任涵盖了他人的人身、财产损失。购买机动车保险时，你可以设定保险限额，保险限额是该保险将赔付的医疗费用和财产损失的最高金额。美国的每个州几乎都会规定司机投保的保险限额，但有时这些限额真的很低，所以当你发生事故时，保险赔付的金额杯水车薪。

第三者责任险的限额一般用三个数字表示，即50、100、100，以千为单位。第一个数字50，指保险公司将赔付事故造成的人身损失，至多每人赔付5万美元。第二个数字100，指保险公司赔付除你以外的人身损失的总金额上限为10万美元。第三个数字是赔偿财产损失的最高限额。财产是指任何非人的物品，而且第三者责任险的理赔范围仅涵盖他人的财产，比如车辆与房屋等，不包括你本人的财产。

与人身伤害责任险按人数理赔不同，财产损失责任险对整个事故仅设有一个理赔上限。比如，你在一次事故中撞了一辆特斯拉、一辆校车和一家酒店，责任在你，根据前文，财产损失最高理赔金额为10万美元。这个限额是保险公司能够帮你赔偿的最高金额，你只能祈祷自己的损失没有超出这一限额。

如果不幸造成了事故，责任险能帮你减少个人资产的损失。换句话说，它可以为个人财务提供保障。因此，在购买责任险时，你要确保保险额度与个人资产总值相当。你可以回顾一下之前提到的净资产计算方式。

碰撞险

如果发生了车祸，碰撞险将会赔付你的车辆损失。在美国，州政府一般并不强制车主购买这项保险，但一些车贷贷款方或租车公司可能会有这项要求。购买碰撞险往往需要选择免赔额，而且有些保险公司会要求你同时购买综合意外险，反之亦然。如果你的车还算值钱，那你是有必要投保碰撞险的。你可以算一下，将免赔额与6~12个月的保险费用总额加起来，如果车的价值远远高于这个总和，你最好还是购买碰撞险。

综合意外险

综合意外险赔付的是除了车辆的对象所造成的车辆损失，包括车辆被烧、被盗窃、被冰雹砸坏、被洪水淹，甚至被动物破坏等情况。在美国，州政府一般并不强制车主购买这项保险，但一些车贷贷款方或租车公司可能会有这项要求。与碰撞险一样，如果车的价值高于综合意外险的保费与免赔额的总和，那你购买这项保险是值得的。

无保险或保险不足驾驶人险

如果有人在没有保险的情况下开车，造成了事故，导致你的车辆或人身受到损害，谁来赔偿？答案是你自己，除非你已经投保了无保险或保险不足驾驶人险。你可能会觉得你是在为那些没有保险的人买保险，事实就是如此。在美国，有些州会强制车主购买这项保险。即使你所在的州没有这项要求，我仍然建议你自主投保，因为这也是责任险的一种。还记得吗？责任险可以为个人财务提供保障。每多买一项保险就要多花一笔钱，但保险覆盖的范围会越来越大。为了心安，多花点儿钱也是值得的。

附加责任险：伞险

假如你的净资产状况很健康，有70万美元，你可能会发现机动车保险提供不了这么高的保险额度，其最多可能只能保障50万美元。在这种情况下，你可以购买伞险来保障其他责任险无法承保的资产。伞险能够扩大保险公司所提供的一般汽车责任险和房屋责任险的保障范围。也就是说，伞险将为你赔付超出汽车责任险和房屋责任险理赔上限的部分。这就好比一张平时只能坐6个人的餐桌，如果加上一个伸缩桌板，就可以坐8个人了。伞险和这个桌板一样，关键时刻能派上用场，但除非必要否则无须购买。换句话说，只有在你需要请8个人吃晚饭或者净资产值很高的情况下，它才值得购买。

如何看待人寿保险

在讨论人寿保险之前，我们先来谈一个很现实的话题：人终有一死。没错，要探讨人寿保险就逃不开这个关于我们最终归宿的话题。我先给你提个醒，以免你在读到这里的时候正好要去参加好朋友的生日聚会，很不情愿看到死这个字眼。我知道让你思考死亡这个沉重的话题可能是在难为你，但这一点非常重要，它提醒我们，只能在有限的人生里去爱我们所爱的人、做我们想要和需要做的事。

谁需要买人寿保险

在购买了人寿保险之后，如果被保险人去世，那么保险公司会支付一笔保险金，用以替代被保险人的收入，作为对其家人或受益人的经济支持。假如你身边有人靠你养活，比如你的配偶、子女或父母，我建议你考虑购买人寿保险，尤其是在你有抵押贷款、私人学生贷款或者其他类型债务的情况下，因为如果你发生了意外，那么这些债务会落到他们头上。

就算你没什么收入，但如果你有孩子且你是主要监护人，那你最好还是买一份人寿保险，这样即使你不在也能有钱支付育儿费用。如果你没有任何要养活的人，那理论上讲，你不需要人寿保险。不过，你可以考虑购买一份小额保险以支付去世后的丧葬费用，给家里人省一笔钱。

购买人寿保险就是购买一份心安，让你知道即使没有你，你的家人也能得到很好的照顾。

买保险是为了减少损失，而不是为了获得收益

我在本章开头就提到过这一点，但它值得再提一次：保险首先是一种减少损失的工具，而非获得收益的手段。我重申这一点是因为有些销售人员在推销人寿保险产品时，会强调这些产品不仅仅具备保险功能。但问题就在于，大多数客户需要的仅仅是保险功能。

人寿保险不止一种，但大多数人只需要定期寿险

人寿保险多种多样，让人不知如何选择。但好消息是，对大多数人来说，定期寿险就足够了。这种保险到底是怎么回事，从其名称就可见一斑。

由于保费在一定期限内是固定的，定期寿险因此得名。该保险的期限一般是5～30年。所以，如果你选择20年定期寿险，那么在这20年中，你每年都要支付相同的固定保费。你可以一次性付清一年的保费，也可以按月或者按季度支付，这一点通常在投保时确定。

如果你在保险期限内不幸去世，保险公司将向你的受益人支付预定金额（金额多少也在投保时确定）。虽然投保时会指定一位或数位受益人，但在保险期限内你是可以更换受益人的。

如果保险到期时你还活着，那么保险公司就会赢得赌注，赚到你的保费。道理很简单，对吧？

定期寿险在市场上最受欢迎，因为它最简单也最便宜，就像便宜又美味的炸鸡快餐，不用苦思冥想，点它总没错。定期寿险能满足你对人寿保险的需求，也是最划算的。最重要的是，如果你不幸身故，你不必担忧你爱的人会变得一贫如洗。

终身寿险是你应该避开的产品。但如果你比较叛逆，对这种保险充满好奇，请记住：虽然保险代理人比较青睐这种产品，在推

销时常常吹嘘它既是投资又是保险，简直两全其美，但事实上，终身寿险在这两方面均表现平平，不像定期寿险至少还是出色的保险产品。

每个人的财务状况不尽相同。一般来说，理财顾问会向资产丰厚的客户推荐终身寿险。这些人已经在免税的储蓄账户里存入了大量资金，比如退休储蓄账户、孩子的大学储蓄账户和健康储蓄账户。如果你也是其中一员，阅读本书时只觉得自己做了所有正确的理财决策并感到满意，那你可以考虑买一份终身寿险。

你需要多大保额的定期寿险

条条大路通罗马，有多种方法可以计算出你需要多大保额的定期寿险。一个简单的经验法则是，将你的年收入乘以10。这种方法比较简单粗暴，没有考虑到比较细节的财务状况。

相比之下，DIME法则更好，也更加详细。它的每个字母分别代表英文单词债务（debt）、收入（income）、抵押贷款（mortgage）和教育（education）。

- 债务和丧葬费：所有的非抵押债务加上预估的丧葬费。
- 收入：你需要供养自己的家庭多少年？用你的年收入乘以该数字。
- 抵押贷款：计算还清抵押贷款所需的金额。
- 教育：估算孩子所有阶段的学费，包括大学在内。

计算出结果后，你可以选择是否从中减去资产总额。如果不以资产相抵，计算出来的保额将高于你的实际需求，但随着年龄增长，你的需求也可能会发生变化。如果购买定期寿险时你还很年轻，收入不算高，家里人也不多，保额对你来说就相对较低。你当然可以购买保额更高的保险。不过，虽然人寿保险会随着年龄的增长越来越贵，但购买刚好够用的保险也可以避免超支。

刚好够用的保险

如何购买定期寿险

你可以通过本地的独立保险代理人或在线的独立保险经纪人购买人寿保险，也可以直接向保险公司购买。

独立保险代理人或经纪人的优势在于，他们可以为你提供多家公司的保险产品及报价，让你能够货比三家。

避免被骗的另一种方法是，了解自己真正想要什么。请记住，85%的人其实只需要定期寿险。你如果选择找保险代理人购买，在此之前就有必要了解这一点。保险代理人不是坏人，但行业体系会导致他们的工作目标与客户的最大利益不一致。如果他们仅通过收取佣金来赚钱，那么当他们推荐了很多你并不需要的保险时，请务必小心。很不幸，整个保险行业的现实情况就是如此。如果你有可靠的保险推荐来源，那你的投保之旅将迎来一个良好的开端。

Policy Genius是一个非常好用的在线保险经纪人服务平台。[7]在Policy Genius上申请，大多数情况下不需要体检，所以你首先可以摆脱这一心理障碍。如果你不知道自己想申请的保险是否需要体检，也无须太担心，这通常是不需要的。

投保的第一步就是完成在线申请。之后，经纪人会打电话给你，核实详细信息，指导你进行选择，帮你决定购买哪家公司的保险，并把需要签字的文件寄给你。投保申请通过后，你就可以支付保费了。如果保险公司要求必须做体检的话，那整个投保过程可能需要数周时间。

以下是有关人寿保险的专业建议和投保时需要考虑的因素：

- 公司能为你提供保险自然是件好事，但一旦离职，保单就会失效。当前的雇主所提供的人寿保险并不可以随你而动。相反，独立的定期寿险保单只要在有效期内，且投保人定期缴纳保费，就会一直有效（这是寿险的专业术语，指的是保单处于活跃良好的状态）。所以我个人比较倾向独立保险。但我也并不完全反对团体保险，因为它们提供的是团购价，比起独立保险可能更加实惠，理赔范围也更广。你如果能负担得起，可以在购买独立保险之余再考虑一下团体保险。
- 不要漏缴保费！漏缴一次，保单就会失效。这意味着你将失去保险，必须重新申请。而且，随着年龄的增长，在重新申请时，保费可能会上涨。一般来说，如果在30天的宽限期内补缴保费，保单就不会失效，但你需要确认一下你的保险公司是否也是这样规定的。

- 可抗辩期。可抗辩期是指自保单生效起两年内。如果你在这段时间内死亡，那么保险公司可以进行理赔调查并拒绝理赔，这意味着受益人可能无法获得赔付。

- 申请保险时不要撒谎。近一年内在某个聚会上抽了一口朋友的烟而没有在申请书上注明，与故意隐瞒每天抽一包烟的事实，两者性质不同。无论如何，请不要为了降低保费而在申请中撒谎，这是欺诈。保险公司可以进行理赔调查，如果它能证明你撒谎，比如看到你每天在脸书上发布吸烟照片，就可能会对你的家人能否获得死亡赔偿金产生影响。是的，保险公司可能会查看你的脸书。它们锱铢必较，所以申请时要诚实，避免日后为家人带来麻烦。

- 只要还有受抚养人需要供养，你就要买份人寿保险。具体情况如何有点儿难以预测，因为你可能有未成年子女或年迈的父母需要抚养和照顾。但普遍来说，只要还需要供养受抚养人，你就一定要有人寿保险。理想的情况是，当年老时你已经积累了一定的财富，即使去世后没了收入，也不需要靠保险金来供养家人。

练习

保护好自己，购买保险

　　你要了解各种保险，结合这些产品的定价和支出计划，找到最适合自己的保险。这是一个复杂的过程，合理的方法是把它们分解成多个子任务，分配到各周的理财时间内。

　　如果你还没有医疗保险的话：

- 了解各种医疗保险。
- 雇主能为你提供团体医疗保险吗？

　　——可以的话，每月自己要承担多少保费？

　　——下次可参保的开放注册日是什么时候？

　　——别忘了在日历上设置提醒，标明开放注册的日期。

- 如果无法参与雇主提供的团体医疗保险，那么你就需要了解一下其他保险。

　　——你是否已加入或能加入自由职业者联盟这种可以提供团体医疗保险的行业协会？

　　——在 Healthcare.gov 上查看各种保险。

- 参考支出计划，确认你想购买的医疗保险是否在可承受范围内。

　　如果你还没有长期伤残保险的话：

- 了解各种伤残保险。
- 雇主能为你提供团体伤残保险吗？

——可以的话，每月自己要承担多少保费？

——下次可参保的开放注册日是什么时候？

——别忘了在日历上设置提醒，标明开放注册的日期。

- 如果无法参与雇主提供的团体伤残保险，那么你就需要了解一下其他保险。

——你是否已加入或能加入自由职业者联盟这种可以提供团体伤残保险的行业协会？

——你的机动车保险或者租房保险是否提供伤残赔付？

- 参考支出计划，确认你想购买的长期伤残保险是否在可承受范围内。

如果你还没有租房保险的话：

- 查看房屋保险的理赔范围是否足够广，若是不够，购买一份租房保险。

- 参考支出计划，确认你想购买的租房保险或要给房屋保险增加的补充条款是否在可承受范围内。

如果你自己开车的话，确保你的机动车保险包含：

- 第三者责任险。这个保险不赔付你自身的医疗费用和财产损失。
- 碰撞险。
- 综合意外险。
- 无保险或保险不足驾驶人险（非必需，但值得推荐）。

你是否需要伞险？

- 如果需要的话，可以了解一下，先咨询你之前购买机动车保险和房屋保险的公司。

你是否需要人寿保险？

- 计算一下大概需要多少钱。
- 在Policy Genius上查看各种产品报价。你可以自己权衡，也可以找个保险经纪人，和他一起商量。
- 申请人寿保险。
- 不要断缴保费，确保保单持续有效。

第十八章　守护现有财产

无敌理财：管理好你的财务状况

即使系统性的压迫是这个世界沉疴顽疾的根源，但与不公正做斗争、拆除暴力结构要从微小的行动开始。

——耶西·泰勒·克鲁斯（Yesi Toylor Cruz）[1]

登上无敌理财金字塔的顶端并不容易，恭喜你成功了！走到这一步，你肯定投入了相当多的时间和精力来反思和管理你的财务状况。现在是时候庆功了，我希望在这一刻你能充分享受这种成就感。但同时，你也要意识到，你的理财之旅才刚刚开始。

人与金钱的关系就和生活中的其他关系一样——关系是动态的，随着你与世界的变化而演变发展。在接下来的日子里，无论是管理财务状况还是做理财决策，都不要忘了你手边有各种各样的工具可以利用。而且，维持良好的财务状况不仅仅关乎如何务实理性地做出明智的决定，还包括使自己的情感与行动自洽，与自己和解。

接下来，当你培养与金钱的健康关系时，我希望你能记住，这并不仅仅是为了积累财富而积累财富，也不是为了获得物质利益而盲目遵从资本主义世界的运作原理。我们生活在一个不择手段想要剥夺大多数人权力的世界，而打理好财务是我们在这个世界行使权力唯一且有力的方式。积累财富后，我们就能更有力地宣扬我们认同的价值观和理念。只有在这个方面，我们才能不断斗争，努力将现状改造为理想，同时也清醒认识到现状和理想之间的矛盾与差异。可以说，理财就是一场激进的革命。

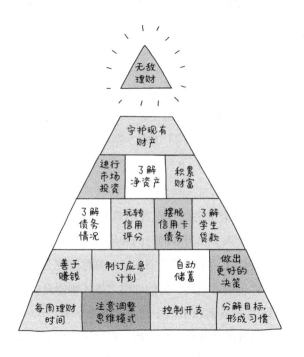

但革命到底是什么样子的呢？革命有时是激烈的抵制和抗议，有时只是静静地阅读书页上的文字，播下新思想的种子。革命的道路有很多条，但无论走哪条路，我们都必须认识到并发挥我们的个人力量。

在你带着学到的东西去社会中发声之前，我想最后再说几句，请你在管理财务、捍卫自身权力时，牢记在心。

是贫穷还是富裕，都取决于你的选择

即使在经济衰退、处境艰难之时，你依然有许多办法可以让自己变得更加殷实富足，活得多姿多彩。这并非让你抱有不切实际的幻想，而是提醒你，在任何情况下都可以从多个角度来看待问题。这会让你拥有更多的选择，帮助你摆脱无力感。是在坏事中看到好的一面，还是在好事中看到坏的一面，总是取决于我们自己。我们可以利用各种工具帮助自己冷静下来，进行财务决策，而且很多工具都是免费的。

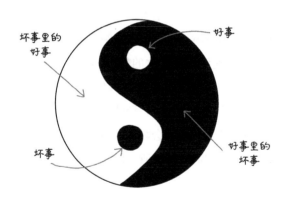

坚持为自己投资

当你阅读本书，思考、完成书中练习并采取行动时，你所做的一切都是对自己的投资。请坚持下去，这是你应得的。取得进步的过程可能很缓慢，不仅需要时间，还需要空间——放松和进取的空间。本书从来不是要你遮掩自己对金钱和世界的负面情绪，而是鼓励你给自己成长的空间，注重体验过程。成长并不是要消除所有痛苦的源头，而是愿意与自身的痛苦共舞，诚实地自问有哪些情绪是自己不愿去感受的，然后带着对自己的全然信任去感受它们。这是我们在生活中、在处理各类关系时应懂得的道理，也是我们在困境和苦难中找到解决办法的关键所在。

不要盲目相信自己

所谓理财，关乎金钱，但不仅仅关乎金钱。你如果重新审视自己的财务状况，并为理财付出实际行动，就会发现那些口口相传的故事影响有多大。那些我们深信不疑的故事最终形成了我们生活中的规则，而这些规则影响着我们的行为举止。如果你读完本书，发现了以前没有意识到但已然内化的规则和故事，并且能够做出改变，你肯定就能明白，其他领域的故事和规则也可以这样改变。生活中的各个领域并不是毫无关联、泾渭分明的，故事也是相互交织的。你对自身的价值定位不仅会影响理财决策，而且会为你生活的方方面面制定规则。因此，本书所述的很多方法都可以应用到其他生活领域。

我希望你能发现这一点，也希望你能用改善财务状况的方法改善生活的各个方面，尤其是提升自我。你值得如此，这个世界亦值得如此，因世间万物皆彼此联结，息息相关。

致　谢

我很荣幸能投入时间和精力来创作本书，在书中表达我的思想。感谢参与本书创作的所有人，如果没有你们的支持，这一切就不可能完成。

感谢我的读者，多年来你们一直支持着我并分享推广我的作品。感谢我的客户，很荣幸遇到你们，每天和你们一起共事，激励着我不断前行。

感谢Hell Yeah Group团队的各位成员：兰迪、特拉奇、乔恩、埃文和亚历克斯。感谢你们在我创作本书过程中给予我莫大的帮助。

非常感谢我的经纪人珍妮·斯蒂芬斯以及Sterling Lord Literistic经纪公司。感谢你们给我这个机会，并鼓励我完成写一本书这样疯狂的任务。

感谢我的编辑埃米莉·翁德里希，感谢你在整个创作过程中对我的耐心指导，让这部作品得以付梓。感谢尼迪·普加利亚的支持，你卓越的洞察力以及你的热情一直感染着我。我也衷心感谢企鹅兰登的全体成员，很荣幸能与你们这样细致周到的专家团队合作。

感谢我的家人，我的父母和我的妹妹阿尔，感谢你们一直鼓励我做独一无二的自己，鼓励我追随好奇心，独立自主，从不质疑我决定做的任何事情。

感谢莫德哈伊，你是那个真正向我展示了金钱世界如何运作的人，是第一个真正了解我思想的人，是鼓励我不断分享自己观点的人。我永远感激你。

感谢索尼娅·拉舒腊，你将一群小企业主和创意怪杰会聚在一起，打造了一个充满奇迹的社群，永远地改变了我的生活。感谢你将我带入你的世界。

衷心感谢克里斯坦·萨金特，没有你的帮助，我将难以突破阻碍，战胜我自己，甚至不一定能完成本书的写作，更不必谈投稿了。你给我人生带来的改变之大是难以言尽的，我永远感激能与你相遇。

感谢我的朋友们，你们给予我无尽支持、无限爱意，不吝时间倾听我的想法，这些我都感激不尽。你们丰富了我的生活，但愿我也可以让你们的生活更加精彩。感谢詹娜、安德鲁、布赖恩、安妮、埃玛、布鲁克林、卡什、克里斯、米歇尔、肖恩、阿耶、卡伦、罗娅、诺埃尔、琼科、弗罗斯坦、金娜、尼科、阿利克斯、凯茜、伊奥……也感谢其他一直对我的工作、我的写作事业予以支持的友人。感谢你们所有人。

最后，感谢我的爱人珍，是你无条件的爱与支持成就了今日的我。感谢你赋予我自信，感谢你以无尽的耐心助我克服恐惧，感谢你的奇思妙想，感谢你不遗余力推广我的作品，让它们得以被更多人知晓。

注　释

第一章　为什么我们的金钱观并不健康

1. Adam Curtis, dir., *The Century of the Self*, episode 1, "Happiness Machines," aired April 29, 2002, on BBC Two, https://www.youtube.com/watch?v=DnPmg0R1M04.
2. Edward L. Bernays, *Propaganda* (Brooklyn, New York: Ig Publishing, 2004), 71.
3. Robert M. Sapolsky, "How Economic Inequality Inflicts Real Biological Harm," *Scientific American*, November 1, 2018, https://www.scientificamerican.com/article/how-economic-inequality-inflicts-real-biological-harm.
4. Carl Gustav Jung, *The Wisdom of Carl Jung* (New York: Citadel Press, 1960), 81.

第二章　如何规划开支

1. Leon Festinger, "A Theory of Social Comparison Processes," *Human Relations* 7, no. 2 (May 1, 1954): 117–140, https://doi:

10.1177/001872675400700202.

2. B. L. Fredrickson, "Gratitude, Like Other Positive Emotions, Broadens and Builds," *The Psychology of Gratitude*, eds. R. A. Emmons, M. E. McCullough (New York: Oxford University Press, 2004), 145–166.

第三章　千防万防防自己：控制开支

1. Alan S. Waterman, Seth J. Schwartz, Byron L. Zamboanga, Russell D. Ravert, Michelle K. Williams, V. Bede Agocha, Su Yeong Kim and M. Brent Donnellan, "The Questionnaire for Eudaimonic Well-Being: Psychometric Properties, Demographic Comparisons, and Evidence of Validity," *Journal of Positive Psychology* 5, no. 1 (January 2010): 41–61, https://doi:10.1080/17439760903435208.

2. World Bank, "Poverty and Shared Prosperity 2020, Reversals of Fortune," Washington, DC: World Bank, https://openknowledge. worldbank.org/bitstream/handle/10986/34496/9781464816024.pdf.

第六章　应急存款

1. Walter Mischel and Ebbe B. Ebbesen, "Attention in Delay of Gratification," *Journal of Personality and Social Psychology* 16, no. 2 (1970): 329–337, https://doi.org/10.1037/h0029815; Angel E. Navidad, "Marshmallow Test Experiment and Delayed

Gratification," *Simply Psychology*, November 27, 2020, https:// www.simplypsychology.org/marshmallow-test.html.

2. Celeste Kidd et al., "Rational Snacking: Young Children's Decision-Making on the Marshmallow Task Is Moderated by Beliefs About Environmental Reliability," *Cognition* 126, no. 1 (January 2013): 109–114, https://doi:10.1016/j.cognition.2012.08.004, https://pubmed.ncbi.nlm.nih.gov/23063236.

3. U.S. Bureau of Economic Analysis, Personal Saving Rate [PSAVERT], retrieved from FRED, Federal Reserve Bank of St. Louis; accessed June 2021, https://fred.stlouisfed.org/series/PSAVERT.

第七章 面临失控，如何自控：自动存款

1. David T. Neal, Wendy Wood and Jeffrey M. Quinn, "Habits—A Repeat Performance," *Current Directions in Psychological Science* 15, no. 4 (August 2006): 198–202, https://doi.org/10.1111/j.1467-8721.2006.00435.x.

2. Bankrate, "Best Money Market Accounts," Bankrate, LLC, accessed September 20, 2021, https://www.bankrate.com/banking/money-market/rates.

3. 流动性较高的资产是指可以快速变现的金融工具，也就是业界所说的现金等价物。很抱歉，但事实就是如此。

4. 资产是有价值的东西，可以变现。

5. 举个例子，如果你向401k退休福利计划定期缴纳3%的薪水，那

么你的雇主也会相应地为你缴款3%。

6. B. L. Wisner，"An Exploratory Study of Mindfulness Meditation for Alternative School Students: Perceived Benefits for Improving School Climate and Student Functioning," *Mindfulness* 5（2014）: 626–638，https://doi.org/10.1007/s12671-013-0215-9.

第九章　重塑债务观

1. Tara Isabella Burton，"The Protestant Reformation, Explained," *Vox*，November 2，2017，https://www.vox.com/identities/2017/11/2/16583422/the-protestant-reformation-explained-500-years-martin-luther-christianity-95-theses.

2. Olivia Schwob，"The Long History of Debt Cancellation," *Boston Review*，November 13，2019，http://bostonreview.net/class-inequality-politics/olivia-schwob-long-history-debt-cancellation.

第十章　信用评分的作用机制，以及怎样玩转信用评分

1. Louis DeNicola，"How Long Do Late Payments Stay on Credit Reports?," Experian，January 14，2020，https://www.experian.com/blogs/ask-experian/how-long-do-late-payments-stay-on-credit-reports.

2. 如何更正信用报告中的错误？想要了解更多信息，请查看https://www.consumer.ftc.gov/articles/0151-disputing-errors-credit-reports。

第十一章　如何摆脱信用卡债务

1. "1958," Morris County Library, accessed September 20, 2021, https://mclib.info/reference/local-history-genealogy/historic-prices/1958-2.
2. "The Fresno Drop," *99% Invisible*, January 19, 2016, https://99percent invisible.org/episode/the-fresno-drop.
3. Elizabeth C. Hirschman, "Differences in Consumer Purchase Behavior by Credit Card Payment System," *Journal of Consumer Research* 6, no.1 (June 1979): 58–66, https://doi.org/10.1086/208748.
4. Rick Weiss, "Study Has Tips for Waiters: Credit Card Logos Serve Them," *Washington Post*, September 21, 1996, https://www.washingtonpost.com/archive/politics/1996/09/21/study-has-tip-for-waiters-credit-card-logos-serve-them-too/2f13b12f-86d9-4e46-b27d-5d52e96a4619.
5. 这是一家专门提供信用卡债务再融资服务的公司，网址为https://www.payoff.com。
6. 这是一家提供个人贷款服务的公司，网址为https://www.sofi.com。
7. 想要了解点对点互联网金融借贷平台，请查看https://www.lendingtree.com和https://www.prosper.com。
8. 想要深入了解债务清偿计划和债务管理计划之间的区别，请查看https://www.experian.com/blogs/ask-experian/debt-settlement-vs-debt-management-programs。
9. 想要向获得美国国家信贷咨询基金会认证的财务顾问寻求帮助，

请查看 https://www.nfcc.org。

第十二章　借钱还是不借钱：如何看待债务决策

1. Matt Levine，"Fed Day, Junk Bonds and Unicorns," *Bloomberg*, December 16, 2015, https://www.bloomberg.com/opinion/articles/ 2015-12-16/fed-day-junk-bonds-and-unicorns.
2. 这是一个简单的在线贷款计算器，可以帮助你了解贷款的每月还款额：https://www.bankrate.com/calculators/mortgages/loan-calculator. aspx。
3. "What Is a Debt to Income Ratio? Why Is the 43% Debt to Income Ratio Important?" Consumer Financial Protection Bureau, last modified November 15, 2019, https://www.consumerfinance.gov/ ask-cfpb/what-is-a-debt-to-income-ratio-why-is-the-43-debt-to-income-ratio-important-en-1791.
4. David Brooks, "The Wisdom Your Body Knows. You Are Not Just Thinking with Your Brain," *New York Times*, November 28, 2019, https://www.nytimes.com/2019/11/28/opinion/brain-body-thinking. html.

第十三章　周末花时间好好思考学生贷款

1. 这是我最喜欢的几种还款工具，可以用来查看债务余额并比较不同的每月还款计划：http://www.personalcapital.com；https://

unbury.me；https://www.tillerhq.com/solutions/get-out-of-debt。

2. Zack Friedman，"99% of Borrowers Rejected Again for Student Loan Forgiveness，"*Forbes*，May 1，2019，https://www.forbes.com/sites/zackfriedman/2019/05/01/99-of-borrowers-rejected-again-for-student-loan-forgiveness/#7c9060c0b16b.

3. 这些电子报很不错，如果你想及时了解学生贷款的相关信息，可以订阅https://studentloanhero.com/subscribe 和 https://askheatherjarvis.com/blog。但要注意的是，Student Loan Hero会不时通过电子邮件向你推销理财产品。

4. 想要了解更多关于联邦贷款合并的信息，请查看https://studentloans.gov/myDirectLoan/index.action。

第十四章　如何看待投资

1. Melissa Rayner，"Happy National One Cent Day：So What Could a Penny Buy You 100 Years Ago?，"*Gale*，March 31，2015，https://blog.gale.com/happy-national-one-cent-day.

2. Kimberly Amadeo，"Consumer Price Index and How It Measures Inflation，"*The Balance*，updated April 15，2021，https://www.thebalance.com/consumer-price-index-cpi-index-definition-and-calculation-3305735.

3. 如果你对往年的消费价格指数感兴趣，请查看https://www.usinflationcalculator.com/inflation/consumer-price-index-and-annual-percent-changes-from-1913-to-2008。

第十五章　怎样玩转股市

1. "Dividend History," Dividend History, Apple, last modified April 2021, https://investor.apple.com/dividend-history/default.aspx.
2. 你可以使用这款计算器了解自己应该为退休存多少钱、准备多少资产：https://smartasset.com/retirement/retirement-calculator。

第十六章　你想聘请理财顾问吗

1. "Suitability," Rules and Guidance, FINRA, https://www.finra.org/rules-guidance/key-topics/suitability.
2. Dayana Yochim and Jonathan Todd, "How a 1% Fee Could Cost Millennials $590,000 in Retirement Savings," *NerdWallet*, April 27, 2016, https://www.nerdwallet.com/blog/investing/millennial-retirement-fees-one-percent-half-million-savings-impact.
3. 你可以访问该数据库，找到满意的纯收费制理财顾问或规划师：https://www.xyplanningnetwork.com。
4. 想找注册理财规划师和全美个人理财顾问协会旗下的理财顾问，请查看 https://www.letsmakeaplan.org 和 https://www.napfa.org。

第十七章　如何积累财富：了解你的净资产

1. Pablo S. Torre, "How and Why Athletes Go Broke," *Sports Illustrated*, March 23, 2009, https://vault.si.com/vault/2009/03/23/how-and-why-athletes-go-broke.

2. Nick Holeman, "Is Buying a Home a Good Investment?," *Betterment*, November 19, 2016, https://www.betterment.com/resources/buying-home-good-investment.

3. 想知道租房更好还是买房更好，可以使用这款计算工具：https://www.nytimes.com/interactive/2014/upshot/buy-rent-calculator.html。

4. Fox Butterfield, "From Ben Franklin, a Gift That's Worth Two Fights," *New York Times*, April 21, 1990, https://www.nytimes.com/1990/04 /21/us/from-ben-franklin-a-gift-that-s-worth-two-fights.html.

5. 想了解退休规划软件 Personal Capital 的更多信息，请查看 https://personalcapital.com。

6. 想了解退休规划软件 Smart Asset 的更多信息，请查看 https://smartasset.com/retirement/retirement-calculator。

7. 想了解关于"欲望逆转"的更多信息，请查看 https://smartasset.com/retirement/retirement-calculator。

第十八章　守护现有财产

1. David U. Himmelstein, Robert M. Lawless, Deborah Thorne, Pamela Foohey and Steffie Woolhandler, "Medical Bankruptcy: Still Common Despite the Affordable Care Act," *American Journal of Public Health* 109（2019）：431–433, https://doi.org/10.2105/AJPH.2018.304901.

2. Johanna Maleh and Tiffany Bosley, "Disability and Death Probability Tables for Insured Workers Born in 1997," Table A,

Social Security Administration, October 2017, https://www.ssa.gov/
oact/NOTES/ran6 /an2017-6.pdf.

3. "What You Should Know Before You Apply for Social Security
   Disability Benefits," factsheet, Social Security Administration,
   https://www.ssa.gov/disability/Documents/Factsheet-AD.pdf.

4. "State-by-State Disability Backlog," Allsup, May 2017, https://
   www.allsup.com/media/files/stateby-state-backlog-2017.pdf.

5. "Monthly Statistical Snapshot, February 2021," Table 2, Social
   Security Administration, March 2021, https://www.ssa.gov/policy/
   docs/quick facts/stat_snapshot/2021-02.html.

6. "Poverty Guidelines 01/15/2021," Office of the Assistant Secretary
   for Planning and Evaluation (ASPE), 2021, https://aspe.hhs.gov/
   poverty-guidelines.

7. 在这里可以找到不错的在线保险经纪人：https://www.policygenius.
   com。

结语　无敌理财：管理好你的财务状况

1. Jesi Taylor Cruz, "Composting Food Waste Is an Act of Resistance,"
   ZORA, July 8, 2020, https://zora.medium.com/composting-food-
   waste-is-an-act-of-resistance-f5ba3425394a.